VOYAGE

AGRICOLE ET HORTICOLE

EN CHINE.

VOYAGE

AGRICOLE ET HORTICOLE

EN CHINE

extrait des publications

DE M. ROBERT FORTUNE;

TRADUIT DE L'ANGLAIS

PAR M. LE BARON DE LAGARDE MONTLEZUN,

CHEVALIER DE LA LÉGION D'HONNEUR,
CHEF DE BUREAU AU MINISTÈRE DE L'AGRICULTURE, DU COMMERCE ET DES TRAVAUX PUBLICS,
SECRÉTAIRE-RÉDACTEUR
DE LA SOCIÉTÉ IMPÉRIALE ET CENTRALE D'AGRICULTURE.

PARIS,

IMPRIMERIE ET LIBRAIRIE D'AGRICULTURE ET D'HORTICULTURE
DE Mᵐᵉ Vᵉ BOUCHARD-HUZARD,
RUE DE L'ÉPERON, 5.

1853

OBSERVATIONS DU TRADUCTEUR.

———•———

Il est indispensable, pour bien faire apprécier la portée et l'actualité de cette publication, ainsi que les circonstances qui y ont donné lieu, de rapporter quelques extraits du compte rendu des séances de la Société impériale et centrale d'agriculture.

Le 21 juillet 1852, M. Liautaud, chirurgien de la marine, communique des notes sur la culture du Thé au Brésil et sur les résultats qu'on en obtient.

M. Pépin, chargé d'en rendre compte au nom de la section des cultures spéciales, s'exprime ainsi dans son rapport : « La Société verrait avec intérêt un traité composé de tous les éléments théoriques et pratiques sur la préparation et sur la culture de l'arbre à Thé. Ce serait un ouvrage souvent consulté pour la culture de cet arbre, et surtout pour la manipulation et la torréfaction de ses feuilles. »

M. le rapporteur exprime ensuite l'avis qu'il pourrait être utile de faire, seulement à titre d'essai, quelques tentatives de cette culture dans les départements du Var, des Pyrénées-Orientales et dans l'ouest de la France.

M. Chevreul fait remarquer que ces conclusions sont très-modérées, puisqu'on limite à deux départements et à la région de l'Ouest les expériences proposées, et encore *à titre de simple essai*. « Il y a, d'ailleurs, ajoute-t-il, une autre observation à faire. Il résulte, du rapport de M. Pépin, qu'en 1839, à la suite de la mission de M. Guillemin au Brésil, des pieds de Thé ont été envoyés dans plusieurs départements méridionaux et dans l'Ouest. Il ne s'agirait donc ici que d'essais à continuer, et qui peuvent être considérés comme la suite d'une expérience qui n'est pas achevée. »

Suivant M. Robinet, cette question du Thé présente deux parties distinctes. « Jusqu'ici, dit-il, il ne paraît pas qu'on ait pu produire du Thé en dehors des Chinois. » *On ne sait pas bien encore ce que c'est que le Thé préparé en Chine.* Il y a donc d'abord une expérience scientifique à tenter, c'est de savoir si on peut faire du Thé; ensuite de savoir si ce produit obtenu deviendra une industrie plus ou moins lucrative : c'est une seconde question subordonnée à la première. En résumé, M. Robinet est d'avis qu'il serait utile de se livrer à des expériences, mais sur une petite échelle.

M. Chevreul croit que, dans certaines possessions anglaises, on est parvenu à préparer du Thé, et fait observer que les manipulations les plus essentielles sont celles qui ont pour objet de développer l'arome.

M. Payen dit que l'insuccès des tentatives faites par

plusieurs expérimentateurs a pu dépendre de deux circonstances. En premier lieu, le climat sous lequel on
avait cultivé le Thé n'était, sans doute, pas aussi favorable au développement des principes immédiats qui,
sous l'influence d'une sorte de torréfaction légère, produisent l'arome spécial. Dans l'examen auquel il s'est
livré avec M. de Mirbel relativement à l'anatomie des
feuilles du *Thea viridis*, il a trouvé un grand nombre
de glandes qui sécrètent une huile essentielle spéciale.
Il est probable qu'il existe une relation entre la production de l'huile essentielle, qui peut contribuer à l'arome,
et les conditions climatériques auxquelles la plante est
soumise. Il en résulte qu'il est important, comme dit le
rapport, de satisfaire à cette première condition en cul-
tivant l'arbre à Thé sous un climat qui puisse produire
les principes d'où dépend l'arome, et notamment l'huile
essentielle. En second lieu, il faut trouver une préparation propre à développer cet arome, dont les éléments
se sont formés dans la plante sous l'influence du climat. M. Payen croit donc qu'il serait intéressant de
faire des expériences sous ces deux points de vue.

Le 24 novembre suivant, M. Liautaud lit un second
mémoire sur des essais de culture de Thé qu'il a com-
mencés, en Algérie, près de Blidah.

Renvoi à la section des cultures spéciales.

M. Seguier fait observer, à cette occasion, que ce qui
importerait surtout dans la question du Thé, ce serait
de connaître le mode de préparation à l'aide duquel les
Chinois lui donnent cet arome si apprécié. « On a déjà
« pu, ajoute-t-il, faire réussir des pieds de Thé et en ré-
« colter la feuille dans plusieurs localités ; mais le Thé

« qu'on a obtenu avec ces feuilles n'était pas bon, faute
« d'avoir reçu les préparations convenables (1). »

L'honorable M. de Jussieu, dont la Société ressent
encore si vivement la perte, dit qu'il a paru récemment,
en Angleterre, un ouvrage qui fournirait, sans aucun
doute, des données intéressantes sur cette question des
procédés chinois pour la préparation du Thé. C'est un
voyage fait, en Chine, par un horticulteur nommé Robert Fortune. Son livre, intitulé *les Contrées à Thé de
l'Inde et de la Chine*, contient un chapitre spécial sur
cette préparation.

Le 1er décembre, M. Pépin lit un rapport, toujours
au nom de sa section, sur la nouvelle communication
de M. Liautaud. Ce rapport contient, entre autres, les
passages suivants, qui fixent d'une manière particulière
l'attention de la Société :

« C'est dans les gorges profondes des montagnes du
petit Atlas, entre les villages de Souma et de Dalmatie,
près de Blidah, que M. Liautaud s'est livré, cette année,
à des expériences sur la culture de l'arbre à Thé.

« En arrivant dans ces contrées, M. Liautaud fit l'acquisition d'un jardin qu'il soumit immédiatement au
défonçage ; après quoi il le divisa en plates-bandes de
1 mètre de large, afin d'y planter les jeunes pieds d'arbre à Thé rapportés du Brésil par ses soins, et ce fut
vers la fin d'octobre dernier qu'il sema les graines
en lignes parallèles à la longueur des plates-bandes.
M. Liautaud avait choisi l'époque des pluies automnales
pour faire cette opération, et, quoique ces pluies eussent

(1) *Bulletin des séances*, tome VIII, n° 1, page 25.

manqué et que les vents du siroco, plus forts, cette année, que de coutume, se fissent encore sentir en novembre, les jeunes Thés ont parfaitement résisté, et c'est à peine si les feuilles les plus tendres ont souffert de ces coups de vent.

« Les jeunes pieds, bien repris et vigoureux, présentaient déjà, au départ de M. Liautaud, des boutons à fleur prêts à s'épanouir, ce qui peut faire espérer que ces arbres ne tarderont pas à donner des graines, et qu'étant semées dans diverses localités de l'Algérie elles pourraient fournir des variétés ou des races plus rustiques et appropriées au climat. »

Le 22 du même mois de décembre, l'auteur de cette note donne lecture d'un fragment, traduit par lui, de l'ouvrage de M. Robert Fortune, signalé par M. de Jussieu.

A la suite de ces diverses communications, la Société décide que des extraits des deux volumes successivement publiés par Robert Fortune seront traduits d'après les indications et sous le contrôle de M. Brongniart, et insérés dans le recueil des *Mémoires*.

Tel est l'historique exact de l'origine de la publication dont il s'agit.

———

Quelques mots maintenant de l'ouvrage dont ces fragments sont extraits.

Peu de temps après qu'on eut reçu en Angleterre la nouvelle de la paix conclue avec les Chinois, dans l'automne de 1842, M. Fortune fut chargé par la Société d'horticulture de Londres de se rendre en Chine, en qualité de botaniste voyageur. Il partit au printemps de 1843, explora cette contrée pendant près de trois années au point de vue de la botanique et de l'horticulture, et de retour en Angleterre publia la relation de son voyage.

L'intérêt que présentait ce volume détermina·le bureau de la Compagnie des Indes à donner mission à M. Fortune de visiter de nouveau le Céleste Empire. Il devait, d'après ses instructions, y rechercher, d'abord et principalement, tout ce qui se rapportait à la culture de l'arbre à Thé, ainsi qu'à la préparation du Thé, aux moyens d'introduire cette culture et cette préparation dans les établissements anglais de l'Inde; en second lieu, réunir tous les renseignements qu'il pourrait se procurer sur l'agriculture et l'horticulture des Chinois.

M. Fortune retourna en Chine en 1848, consacra deux années à en explorer les principales provinces, visita des contrées et des districts à Thé où aucun Européen n'avait jamais pénétré. Le récit de cette nouvelle exploration forme l'objet d'un second volume publié, à Londres, en 1852.

La double publication de M. Fortune n'est pas seulement agricole et horticole. Tout en se livrant à ses recherches spéciales il a pu étudier les mœurs, les usages, les caractères, et les a dépeints en observateur consciencieux et véridique. Ce n'est certes pas la partie la moins pittoresque et la moins intéressante de son ouvrage. Toutefois la Société impériale et centrale d'agriculture n'avait à s'occuper que de ce qui rentrait essentiellement dans le cercle de ses travaux; aussi, nous conformant fidèlement aux instructions émanées

de son bureau, n'avons-nous traduit que la partie purement agronomique, omettant, à regret, des détails
qui eussent, nous n'en doutons pas, offert aux lecteurs
un véritable attrait.

———

Les difficultés et objections soulevées par les hono-
rables membres qui ont pris part à la discussion relative
au Thé, que nous avons rapportée plus haut, se trouvent, en partie, résolues par la publication de ce livre.

La question du climat est la seule qui puisse présenter
encore quelque incertitude (pour la France seulement,
car, pour l'Algérie, elle paraît aujourd'hui favorable-
ment jugée) (1); mais celles de la préparation et du
prix de revient sont bien simplifiées par les renseignements que le voyageur anglais a été puiser, à bonne
source, sur les lieux mêmes. La préparation, dégagée du
prestige mystérieux qui l'environnait et qui en faisait
exagérer les difficultés, se réduit à des procédés d'une
exécution très-simple. Pour cette manipulation comme
pour toute autre, une certaine pratique est, sans doute,
nécessaire; mais nous en connaissons maintenant le secret, et il y a tout lieu de croire que ce que la Compagnie des Indes a pu faire pour les établissements de l'Inde
ne sera pas impossible à la France.

Le principal mérite de l'ouvrage de M. Fortune, après
le caractère scientifique qui domine la question, est le
cachet de véracité de ses descriptions. Ayant réussi,
comme nous venons de le dire, à pénétrer dans des con-

———

(1) Voir dans les notes les informations récemment transmises par
M. Liautaud sur les résultats déjà obtenus par lui en Algérie.

trées fermées jusqu'alors à tout étranger, il a tracé sur place, en botaniste instruit, ce qu'il appelle son journal de voyage, rectifié, chemin faisant, quelques erreurs qui avaient cours parmi nous depuis longtemps, et fourni, sur plusieurs points, des détails complétement nouveaux.

Nous croyons donc que la publicité donnée par la Société impériale et centrale à la partie agricole et horticole de cet intéressant voyage est un service à ajouter à tous ceux qu'elle ne cesse de rendre à l'économie rurale, et pour ce qui nous concerne, quelque modestes que soient, en pareille circonstance, la mission du traducteur et la part de mérite qui lui revient, nous ne pouvons que nous féliciter et nous trouver honoré d'avoir été désigné par elle pour coopérer à cette œuvre utile.

B^{on} DE LAGARDE MONTLEZUN.

PRÉFACE DE L'AUTEUR [1].

———•———

Il y a environ cinq ans que j'ai soumis au public mon ouvrage intitulé, *Trois années d'excursions dans les provinces du nord de la Chine.* Peu de temps après la publication de ce livre, je fus chargé, par l'honorable bureau des Directeurs de la Compagnie des Indes orientales, de me rendre de nouveau dans ce pays, à l'effet d'y recueillir les plus belles variétés de Thé, d'enrôler des ouvriers et de rapporter des ustensiles, le tout pour les plantations de Thé du gouvernement anglais dans l'Himalaya.

Donc, le 20 juin 1848, je quittai Southampton en compagnie d'un certain nombre de passagers, sur le bateau à vapeur *Ripon,* appartenant à la Compagnie

---

des Indes, capitaine Moresby, et je pris terre à Hong-Kong le 14 août suivant.

Comme j'ai pénétré fort avant dans l'intérieur du pays et que j'ai exploré plusieurs districts tout à fait inconnus des Européens, je me hasarde à donner aujourd'hui le récit de mon voyage et des résultats que j'en ai obtenus.

Favorisé d'une forte constitution et d'une bonne santé, je faisais peu de cas des choses de luxe et du confortable, et je bravais bien volontiers les épreuves souvent pénibles auxquelles sont exposés les voyageurs. Des scènes toutes nouvelles, des contrées et des plantes inconnues s'offraient à moi chaque jour et me procuraient les jouissances les plus vives; et même encore aujourd'hui que je me trouve dans un autre hémisphère et séparé, par une grande distance, des lieux que j'ai parcourus, je m'y reporte par la pensée avec un vif sentiment de bonheur.

Du reste, j'ai accompli les points importants de ma mission de la manière la plus satisfaisante; plus de vingt mille plants de Thé, huit ouvriers des plus habiles, et une grande quantité d'instruments et ustensiles, ont été transportés par moi des districts à Thé les plus intéressants de la Chine et amenés à bon port dans l'Himalaya.

Dans le cours de ces voyages, j'ai découvert un grand

nombre d'arbres et arbustes remarquables soit par leur utilité, soit par leur beauté, dont quelques-uns, tels que le *funereal Cypress,* pourront faire un jour, en Angleterre, l'ornement de nos paysages et de nos cimetières.

En publiant ce compte rendu de ma mission, je répéterai ce que je disais lors de la publication de mon premier ouvrage : « Je n'ai pas la prétention d'écrire ou de *faire (making)* un livre sur la Chine. » Mon but est seulement de jeter un coup d'œil sur le Céleste Empire, de décrire ses collines bizarres, ses romantiques vallées, ses rivières, ses canaux, ses productions naturelles, soit dans les plaines, sur les coteaux ou dans les jardins ; enfin de faire connaître ce peuple étrange et intéressant à la fois, tel que j'ai pu l'observer en me mêlant à sa vie de chaque jour. Et, comme j'espère que mes lecteurs voudront bien m'accompagner dans tout le cours de mon voyage, j'aurai le plaisir de les conduire dans l'Inde et dans l'Himalaya ; je pourrai ainsi leur faire connaître les plantations de Thé du gouvernement qui donnent les plus belles espérances, et dont on doit attendre de grands avantages non-seulement pour l'Inde, mais aussi pour l'Angleterre et ses vastes colonies.

R<small>OBERT</small> FORTUNE.

Brompton, avril 1852.

ERRATA.

Page 26, ligne 9, *au lieu de* une quantité de 2,895,000,000, *lisez* 1,895,000,000.

Page 93, ligne 26, *au lieu de* rechaussent et humectent la terre, *lisez* réchauffent.

VOYAGE EN CHINE

DE

M. ROBERT FORTUNE.

PREMIÈRE SECTION.

Culture et préparation du Thé.

CHAPITRE PREMIER.

Variétés de Thé existant en Chine. — Fermes à Thé. — Exploitation et récolte. — Appareils pour la fabrication. — Préparation des feuilles. —
Coloration des différentes espèces de Thé.

Parmi les questions concernant le règne végétal, il en est
peu qui aient plus attiré l'attention que l'arbre à Thé des
Chinois. Sa culture sur les coteaux de la Chine, les différentes
espèces ou variétés qui fournissent les Thés verts et les Thés
noirs du commerce, la manière d'en préparer les feuilles,
sont autant de points qui ont fortement captivé l'intérêt. De
tout temps, les susceptibilités ombrageuses du gouvernement
chinois ont empêché les étrangers de visiter aucun des districts où se cultive l'arbre à Thé, et les renseignements fournis, à cet égard, par les marchands de cette nation ne méritent
aucune confiance.

Il en est résulté que nos auteurs anglais sont tombés dans
de nombreuses contradictions, les uns disant que les arbres
à Thé vert et à Thé noir appartiennent à la même variété,
et que la différence dans la couleur ne tient qu'au procédé

1

de préparation, tandis que d'autres assurent que les Thés noirs sont produits par la plante que les botanistes désignent sous le nom de *Thea Bohea*, et les Thés verts par le *Thea viridis*, deux variétés que nous possédons depuis longtemps dans nos jardins, en Angleterre.

Dans le cours de mon voyage en Chine, pendant la dernière guerre, j'ai eu de fréquentes occasions de visiter plusieurs grands districts à Thé dans les pays à Thé noir et à Thé vert de Canton, de Fo-Kien et de Che-Kiang, et je mets aujourd'hui sous les yeux du lecteur le résultat de mes investigations. On y trouvera la preuve convaincante que les personnes mêmes qui s'étaient trouvées dans les meilleures conditions pour bien observer ont été trompées, et que la plus grande partie des Thés noirs et verts vendus chaque année par la Chine à l'Europe et à l'Amérique proviennent d'une seule variété, savoir celle que l'on nomme *Thea viridis*. Les échantillons de cette variété, recueillis, séchés et préparés par moi dans les cantons que je viens de nommer, et déposés maintenant dans le grand herbier de la Société d'horticulture de Londres, ne peuvent laisser aucun doute à cet égard.

Dans les différentes parties de la province de Canton où j'ai été à même de voir les cultures de Thé, elles ne m'ont offert que le *Thea Bohea* appelé plus communément *arbre à Thé noir*. Dans les districts à Thé vert du nord, particulièrement dans la province de Che-Kiang, je n'ai pas trouvé un seul sujet de cette variété, qui croît, au contraire, en si grande abondance dans les jardins et dans les champs autour de Canton. Tous les plants existant dans la contrée à Thé vert, près de Ning-Po, dans les îles de l'archipel de Chusan, et dans toutes les parties de la province de ce nom que j'ai pu visiter, appartiennent, sans exception, au *Thea viridis*; c'est toujours cette dernière variété que j'ai reconnue dans les jardins, à 200 milles plus au nord-ouest, dans la province de Kiang-Nan, et à très-peu de distance des montagnes à Thé, *Thea hills*, qui en font partie.

Lorsque je quittai la région du nord, me dirigeant vers la

ville de Foo-Chow-Foo, sur la rivière de Min, dans la province
de Fo-Kien, je ne doutais pas que je ne dusse y trouver, en
grande abondance, le *Thea Bohea* que nous regardons généralement comme fournissant le Thé noir, et cela me paraissait d'autant plus vraisemblable, que cette variété tire son
nom des collines de Bohee, situées dans cette province. A ma
grande surprise, je reconnus que tous les plants de Thé qui
croissent sur ces coteaux, près de Foo-Chow, étaient exactement les mêmes que j'avais vus dans des districts à Thé vert
du nord. C'étaient donc des plantations de Thé vert sur des coteaux à Thé noir, sans un seul pied de *Thea Bohea*. En outre,
à l'époque de ma visite, les naturels du pays étaient très-acti-
vement occupés à fabriquer du *Thé noir*. Quoique les caractères spécifiques des différentes espèces de Thé me soient
très-familiers, cette découverte me surprit et, je puis dire,
m'intéressa à un tel point, que je me procurai une collection
de *spécimens* pour notre herbier; j'en fis même déterrer un
pied vivant que j'emportai avec moi lorsque je repris la route
du nord pour me rendre à Che-Kiang, et en le comparant
avec ceux qui croissent sur les coteaux à Thé vert je n'y pus
trouver aucune différence. Il paraît donc certain que les Thés
noirs et verts des districts du nord (dans lesquels se fabriquent la plus grande partie des Thés livrés au commerce)
proviennent de la même variété, et que cette variété n'est
autre que le *Thea viridis*, désigné plus communément sous
le nom d'arbre à Thé vert. D'un autre côté, les Thés noirs et
verts qui se fabriquent en quantité considérable dans le voisinage de Canton s'obtiennent du *Thea Bohea* ou Thé noir.
Il s'en fallait donc bien que mes observations recueillies
sur les lieux vinssent confirmer l'opinion que je m'étais
faite à cet égard, à savoir que le Thé noir se préparait à
l'aide du *Thea Bohea* et le Thé vert avec le *Thea viridis*,
et en y réfléchissant un peu on reconnaîtra que cet état de
choses n'a rien de surprenant, car il ne faut pas perdre de
vue que toutes les données sur lesquelles reposent nos opinions, en ce qui concerne le Thé, nous viennent des Chinois

de Canton, qui ne disent aux étrangers que ce qu'il leur plaît de dire et s'inquiètent fort peu de savoir si les informations qu'ils donnent sont vraies ou fausses.

Les provinces du nord offrent, pour la culture du Thé, des terrains beaucoup plus fertiles que le territoire de Canton. Ceux du Fo-Kien et du Che-Kiang sont un *loam* sablonneux très-fertile, différant beaucoup de celui qui se trouvera ci-après décrit dans le chapitre *sur le climat et le sol de la Chine*. Cet arbuste a besoin, pour prospérer, d'un très-bon sol. La cueillette continuelle des feuilles affaiblit beaucoup les sujets et finit par les faire périr. L'objet principal du planteur de Thé doit donc être de placer ses sujets dans des conditions telles que la végétation en soit aussi vigoureuse que possible, et c'est ce qui ne saurait avoir lieu dans un sol pauvre.

Les plantations de Thé du nord de la Chine sont toutes établies sur les pentes inférieures et les coteaux les plus fertiles, et jamais dans les vallées. Les pieds sont plantés en rangées éloignées l'une de l'autre de 1^m,20, et la même distance existe entre chaque plant.

Les fermes de ce pays sont de peu d'étendue, et ne contiennent guère que quelques acres, cinq ou six au plus.

Chaque fermier a sa petite plantation de Thé sur laquelle est prise d'abord la consommation de la famille ; après quoi l'excédant est vendu pour suffire à d'autres besoins. Ce même système est pratiqué pour toutes les branches de l'agriculture chinoise. Les fermes à coton, à soie, ou à Riz, dont la contenance n'est généralement pas plus considérable, sont organisées de même et exploitées sur le même plan.

Il y a peu de spectacles plus intéressants que celui que présente l'intérieur d'une famille chinoise occupée soit à cueillir les feuilles de Thé, soit à toute autre opération agricole. On voit d'abord un vieillard, le grand-père ou l'aïeul, qui, bien que courbé par les années, dirige le groupe des travailleurs dans lequel tous les âges, y compris l'enfance, sont représentés ; et il convient de dire à l'honneur de la nation chinoise que tous le regardent avec une affectueuse vénération et l'écoutent avec respect. Lorsque après le travail, ils regagnent leur modeste demeure, leur repas se compose principalement de Riz, de poisson, ou de légumes. Un air de contentement et de douce satisfaction règne dans cet intérieur, et je puis dire en toute vérité que je ne crois pas qu'il existe en aucun lieu du monde une population meilleure que la classe rurale *du nord de la Chine.* Pour eux le travail est en quelque sorte un plaisir, car les produits qu'ils en retirent sont consommés par eux-mêmes, et jamais la pression du maître ne se fait sentir.

Dans les districts à Thé vert de Che-Kiang près Ning-Po, la première cueillette de feuilles se fait généralement vers la mi-avril. On enlève les jeunes boutons des feuilles au moment où ils commencent à s'ouvrir, et on en compose, sous le nom de *jeune Hyson* (Young Hyson), une qualité tout à fait supérieure que les naturels du pays estiment au-dessus de toute autre, et dont ils font ordinairement des présents à leurs amis. Cette sorte de Thé est rare et très-chère, et l'on conçoit que l'ablation de ces jeunes boutons encore tendres cause à l'arbre un tort considérable. Cependant il faut dire que les pluies abondantes qui surviennent ordinairement dans cette saison saturent d'humidité la terre ainsi que l'atmosphère, et que, si les sujets sont jeunes et vigoureux, ils ne tardent pas à pousser en abondance de nouvelles feuilles.

Quinze jours ou trois semaines après cette première cueillette, c'est-à-dire vers le commencement de mai, les arbres à Thé sont déjà recouverts de feuilles, en assez grande quantité pour qu'on puisse procéder à la seconde récolte, qui est, à vrai dire, la plus importante de toutes. La troisième et la quatrième, qui ont lieu à mesure que de nouvelles feuilles se produisent, ne donnent que du Thé tout à fait inférieur qui est rarement exporté hors de la province.

La manière de cueillir et de préparer les feuilles de Thé est extrêmement simple. On a été pendant si longtemps accoutumé à prêter à tout ce qui se fait chez les Chinois un caractère à la fois grandiose et mystérieux, que nous nous attendons à trouver chez eux, en tout ce qui tient aux arts ou à l'industrie, quelque chose de singulier et d'imprévu, tandis qu'en définitive leurs procédés sont presque toujours ce qu'il y a au monde de plus naturel.

Si l'on veut bien se rendre compte des méthodes qu'ils emploient pour rouler et sécher les feuilles de Thé, et dont nous allons donner la description, il ne faut pas perdre de vue que l'objet principal, le but essentiel est à la fois d'enlever toute l'humidité qu'elles contiennent, et de retenir en même temps tous les principes aromatiques et toutes les sécrétions qui font estimer si généralement ce produit. Le système adopté par eux pour atteindre ce double but est aussi simple qu'efficace.

Aux différentes époques des récoltes de Thé on voit les habitants disséminés par groupes ou familles sur la pente des coteaux, et occupés, si le temps est sec, à cueillir les feuilles. Ils ne paraissent pas y apporter autant de précaution que je l'aurais supposé; ils dépouillent l'arbuste de ses feuilles avec une grande vitesse de mouvements, et les entassent sans choix dans des paniers faits de bâtons de bambou, ou de rotin fendu en deux.

Lors de la cueillette de la première quinzaine de mai qui, comme nous l'avons dit, est la plus importante, les capsules des graines sont à peu près de la grosseur d'un Pois. Elles sont enlevées et séchées en même temps que les feuilles, et ce sont ces baies que nous trouvons quelquefois dans le Thé et qui ressemblent assez à des câpres. Lorsqu'on a cueilli une quantité suffisante de feuilles, on les transporte à la ferme où va s'exécuter l'opération du séchage.

Dans les coteaux des districts à Thé, les habitations ou bâtiments de ferme de ces petits cultivateurs sont de construction simple et grossière, ressemblant assez à ces cottages primitifs qu'on voyait en Écosse il y a un certain nombre d'années, et dans lesquels la vache et le cochon habitaient la même pièce que le paysan. Encore dois-je dire que même les cottages écossais de cette époque reculée l'emportaient, sous le rapport de l'ameublement et du confortable, sur les habitations rurales de cette contrée ; et cependant c'est dans ces misérables demeures que la plus grande partie de ces diverses espèces de Thé désignées sous des noms si pompeux subissent leurs premières préparations. Les granges, les hangars et les autres dépendances de ces petites fermes chinoises servent aussi aux mêmes emplois, particulièrement dans le voisinage des temples et des monastères.

Les chaudrons ou bassines et les fourneaux dont on fait usage dans la région dont je parle sont également d'une grande simplicité. Les bassines sont en fer aussi mince que possible, de forme ronde, peu profondes, et semblables, d'ailleurs, à peu de chose près, à celles dont les Chinois se servent pour cuire le Riz. Un certain nombre de ces vases disposés sur une seule ligne sont enchâssés dans une construction en briques et chunam (1), au-dessous de laquelle est pratiqué un tuyau ou conduit. A l'une des extrémités de ce conduit est placé le foyer, à l'autre une cheminée ou au moins une ouverture pour donner issue à la fumée.

Chez les Chinois une cheminée n'est que d'une importance secondaire, et j'ai vu, dans beaucoup de cas, que la fumée, après avoir passé dans le conduit dont je viens de parler, s'échappait comme elle pouvait à travers les portes ou les ouvertures du toit sans que les habitants s'en inquiétassent autrement.

Lorsque les bassines sont bien assujetties, on arrondit les bords de la maçonnerie et on continue à la monter autour de chaque bassine, à l'exception de la partie antérieure, pour que les travailleurs puissent y aborder. On élargit graduellement la construction à mesure qu'elle s'élève en lui donnant la forme circulaire. On établit ainsi une rangée de grands réceptacles en entonnoir ouvert par devant, et dont les

---

(1) *Chunam*, sorte de chaux faite d'écailles d'huîtres et en usage dans la Chine et dans l'Inde, où on l'estime comme chaux de première qualité.
(*Note du traducteur.*)

bassines, placées immédiatement sur le tuyau de chaleur, occupent le fond.

Au moyen de cette disposition, l'ouvrier chargé de l'opération du séchage des feuilles peut facilement les remuer et les éparpiller en les rejetant dans la partie postérieure du récipient.

Fourneau pour sécher les feuilles de Thé.

Les feuilles de Thé étant récoltées comme nous venons de le dire et transportées à la ferme, on les dépose dans le local destiné à servir de séchoir ou d'étuve. Un des travailleurs est spécialement chargé d'allumer un feu modéré à la bouche du tuyau et de le conduire avec toute la régularité possible.

Les bassines ne tardent pas à s'échauffer au contact de l'air chaud qui pénètre dans le conduit. On jette alors dans chacune d'elles une quantité donnée de feuilles ; puis les travailleurs, hommes et femmes, chargés de cette fonction les tournent et retournent, et les agitent constamment. Les feuilles sont, en très-peu de temps, affectées par la chaleur ; elles deviennent bientôt tout à fait humides par la vapeur et la séve qui s'en échappent sous l'influence de cette température élevée.

Cette partie de l'opération dure environ cinq minutes, pendant lequel temps les feuilles qui s'étaient d'abord crispées et recoquillées se détendent, deviennent molles au toucher, souples, flexibles, de manière à pouvoir se rouler ou se plier. On les retire alors des bassines, et on en met un petit tas sur

Appareil pour le roulage des feuilles.

une table dont la surface se compose de bâtons de bambou assujettis les uns contre les autres.

Trois ou quatre personnes se placent autour de cet appareil; elles se partagent le lot de feuilles de sorte que chacune n'en prenne que ce que ses mains peuvent contenir, et alors commence l'opération du roulage.

Je ne saurais mieux comparer ce genre de travail qu'à celui du gindre pétrissant et roulant sa pâte. Les deux mains sont employées absolument de la même manière, le but à atteindre étant d'exprimer toute l'humidité des feuilles et de les rouler ou tortiller. Pendant la durée de cette manipulation, qui est aussi de cinq minutes environ, ces poignées de feuilles sont jetées plusieurs fois sur la table, puis reprises, pressées et roulées. On voit alors une liqueur verdâtre qui tombe en assez grande abondance sous la table à travers les interstices des bambous. Les feuilles, ainsi pressées, tortillées, frisées, sont réduites au quart tout au plus du volume qu'elles formaient avant l'opération.

Lorsque le roulage est terminé, on les enlève de dessus la table; on les secoue alors légèrement sur une espèce de van ou de crible composé de bambous fendus, assez serrés, et on les laisse exposées à l'action de l'air.

La condition de température la plus favorable pour cette exposition à l'air est un temps sec et nuageux, sans beaucoup de soleil. Comme il s'agit surtout d'expulser doucement et par degrés toute l'humidité des feuilles, en les maintenant aussi souples et maniables que possible, si on les exposait à un soleil trop ardent, l'eau qu'elles contiennent serait absorbée avec trop de rapidité, et elles contracteraient une sorte de roideur, de dureté, de crispation, si l'on peut s'exprimer ainsi, qui ne permettrait plus d'accomplir convenablement les autres procédés de préparation. Il n'y a pas, du reste, de moment fixé pour cette exposition à l'air; cela dépend à la fois et de l'état de la température et de la convenance des travailleurs.

Lors donc qu'on a éliminé ainsi une partie de l'humidité, les feuilles, devenues molles et flexibles, sont jetées de nouveau dans les bassines dont nous venons de parler, et on procède à la seconde *chauffe*. L'ouvrier chargé du foyer reprend son poste, allume et entretient un feu doux et toujours le même. Les autres travailleurs prennent place au fourneau, un devant chaque bassine, et commencent à remuer les feuilles sans interruption, ayant bien soin de les exposer d'une manière très-égale à l'action de la chaleur, afin d'éviter qu'aucune ne soit brûlée ou même saisie. Le séchage s'effectue ainsi lentement et avec toute l'uniformité désirable. Le travail, en avançant, devient plus commode, attendu que les feuilles de Thé, à mesure qu'elles perdent leur humidité, se roulent, se recoquillent, occupent ainsi moins de place dans le récipient, et se mêlent avec plus de facilité ; mais, comme elles sont alors trop chaudes pour pouvoir être agitées avec la main, on y supplée par un petit balai de brins de bambou à l'aide duquel on les soulève du fond de la bassine pour les agiter convenablement. On les rejette sur le plan incliné en maçonnerie qui s'élève au-dessus des bassines suivant la description que nous en avons donnée, et en descendant doucement sur cette pente échauffée pour retomber au fond de la bassine, elles achèvent de se sécher et de se tordre sur elles-mêmes.

Il est à remarquer que pendant toute la durée de ce travail, aucun des ouvriers ne perd de vue un instant la fonction dont il est chargé ; le chauffeur ayant soin d'entretenir le feu constamment et les autres ne cessant pas d'agiter les feuilles avec la main ou avec le balai. Il me serait difficile de faire connaître exactement le degré de chaleur auquel sont portées ces bassines, attendu qu'on ne fait pas usage de thermomètre ; je donnerai seulement cette indication que, voulant y poser le doigt, je ne pouvais pas l'y maintenir une seconde. Il résulte, de ce que j'ai observé personnellement et des informations que j'ai recueillies dans plusieurs fermes à Thé, que cette préparation, depuis le moment où, après les avoir exposées à l'air, on rejette les feuilles dans les bassines, jusqu'à celui où on les retire dans un état parfait de dessiccation, dure environ une heure.

Dans les fermes les plus considérables, lorsque la confection du Thé se pratique sur une large échelle, quelques-unes des bassines d'un même fourneau sont employées pour le second chauffage, tandis que les autres, et ce sont celles qui reçoivent le plus de chaleur, servent au premier, qui précède, comme nous l'avons indiqué, le roulage et l'exposition à l'air. On peut ainsi utiliser un grand nombre de bras à la fois, et on obtient une notable économie de temps et de chaleur. Ce dernier point surtout est important dans cette contrée très-peu pourvue de combustible.

Le Thé, préparé d'après les procédés que nous avons exactement décrits, offre une teinte verdâtre pâle (*greenish*), et il est d'une qualité tout à fait supérieure. Les Chinois de la province de Che-Kiang le nomment *Tsaou-Tsing*, *Thé séché en bassine*, pour le distinguer du *Hong-Tsing*, qui est soumis à un autre mode de séchage.

Celui-ci se prépare de la manière suivante : les premières manipulations, jusques et compris le roulage et l'exposition à l'air, sont exactement les mêmes que nous avons décrites. Mais ensuite, au lieu de placer les feuilles pour le second chauffage dans des bassines en fer sur un fourneau, on les fait sécher dans des paniers de bambou peu profonds que l'on place sur un feu doux de charbon de bois.

Le charbon de bois, brûlant lentement, donne une chaleur égale et modérée. Telle est la seule différence qui existe entre ces deux espèces de Thé.

Le Hong-Tsing est d'un vert plus pâle que le Tsaou-Tsing, et je ne crois pas qu'on en ait jamais exporté en Angleterre.

L'espèce de Thé qu'on désigne sous le nom de Thé russe est préparé de la même manière que le Hong-Tsing.

Lorsque enfin le Thé est complétement sec, il est trié (picked), criblé (sifted), ensuite classé en différentes qualités pour être mis en paquets. Cette opération du triage et du classement exige des soins particuliers, surtout pour le Thé destiné aux marchés étrangers, car la valeur de l'échantillon dépend de la petitesse et de l'égalité des feuilles aussi bien que des autres conditions de bonté intrinsèque.

Dans les districts dont je parle ici et qui ne fabriquent guère de Thé que pour l'étranger (indépendamment, bien entendu, de la consommation de la famille), les habitants sont très-experts dans cette pratique, et il est généralement reconnu que leurs produits sont mieux classés et offrent plus d'égalité que ceux de la partie orientale de la province de Che-Kiang, quoiqu'à vrai dire je doute, en définitive, qu'ils soient meilleurs.

Lorsque enfin les Thés sont convenablement assortis, on les place dans un panier ou dans une boîte; on les recouvre d'une double étoffe ou d'une couche de paille, on les tasse fortement, et alors tout est fini, au moins pour ce qui concerne le producteur.

J'ai dit que les arbres à Thé du district de Che-Kiang produisaient les *Thés verts;* mais il ne faudrait pas croire que ce sont les *Thés verts* qu'on exporte en Angleterre. La feuille, telle qu'on la cueille, a une couleur beaucoup plus naturelle, d'un vert moins foncé et moins éclatant, et n'a que très-peu ou pas du tout de ce que nous appelons *la fleur* (bloom), si appréciée en Europe et en Amérique. Il n'y a donc aucun doute que ces Thés verts, si brillants de *fleur*, qui sont fabriqués dans la province de Canton, ne soient teints avec du bleu de Prusse et du gypse (with Prussian blue and gypsum), pour complaire au goût des *barbares* de l'étranger, suivant l'expression des Chinois. D'ailleurs cette opération de la teinture peut très-bien, pendant la saison, être observée par les personnes qui voudraient se donner un peu de peine pour la découvrir. Il est très-probable qu'on se sert des mêmes ingrédients dans les provinces du nord pour teindre les Thés verts destinés à l'exportation; cependant, à cet égard, je n'ai aucune certitude. Ce qu'il y a de certain, c'est que, dans ces mêmes provinces, on retire de l'*Isatis indigotica* une teinture végétale nommée *tein-cheing* (dont je parlerai dans un chapitre subséquent), et qui est employée à une foule d'usages. Il y a toute apparence que c'est la même préparation qui sert pour la teinture du Thé.

Du reste, les Chinois ne consomment jamais ces Thés ainsi revêtus d'une coloration factice, et sous ce rapport je suis forcé de reconnaître que leur goût est préférable au nôtre. Il n'est guère possible de supposer, cependant, que ces Thés colorés puissent avoir des inconvénients pour la santé, car on n'aurait pas manqué de s'en apercevoir depuis longtemps; mais toujours est-il que leur caractère inoffensif ne tient qu'à la proportion très-faible de la matière employée.

TEINTURE DU THÉ.

Les curieuses et intéressantes expériences dont le détail suit sont rapportées dans un article de M. Warington, de la Société de pharmacie, publié dans les *Mémoires* de la Société de chimie.

« En examinant dernièrement quelques échantillons de Thé qui avaient été saisis comme suspects de falsification, mon attention se porta sur la variété de teintes que présentaient les échantillons de Thé vert, depuis le vert olive foncé jusqu'à une nuance éclatante de bleu verdâtre (bright greenish blue). J'en examinai un avec soin au microscope à un grossissement de cent fois, et y portant la lumière par réflexion (illuminated by reflected light), je ne tardai pas à découvrir les causes de cette différence de couleur ; je reconnus que les feuilles les plus frisées étaient entièrement recouvertes de grains d'une poudre blanche, ayant quelquefois un reflet éclatant et entremêlés de petits granules affectant les uns une nuance bleu brillant, les autres une nuance orange. Dans les parties de ces mêmes feuilles repliées sur elles-mêmes, et conséquemment plus abritées, ces grains étaient encore plus visibles. En agitant fortement l'échantillon pendant un moment, je fis tomber une certaine quantité de cette poudre, et avec la pointe très-fine d'un petit pinceau légèrement humecté j'enlevai quelques-uns de ces petits grains de couleur bleu brillant ; en les écrasant dans l'eau entre deux plaques de verre et les éclairant directement (when viewed by transmitted light), j'y aperçus une ligne d'un bleu brillant.

Ce changement apporté dans le mode de transmission de la lumière était nécessaire pour bien juger des effets produits dans les expériences suivantes :

Une gouttelette d'une solution de potasse caustique fut introduite par l'attraction capillaire entre les deux verres ; la couleur bleue se convertit immédiatement en brun foncé (converted to a dark brown), puis la couleur bleue primitive reparut sous l'influence d'un peu d'acide sulfurique affaibli (dilute) ; il me fut, en conséquence, démontré que ces granules n'étaient autre chose que du ferrocyanide de fer, ou bleu de Prusse. Les granules de couleur orange furent, à l'examen, reconnus appartenir à une matière colorante végétale.

Afin d'arriver à déterminer, autant que possible, la véritable nature de cette poudre blanche observée sur l'échantillon en question, j'en pris une partie et la chauffai au rouge en l'exposant à l'air (with free exposure to the air). Toute la matière végétale et le bleu de Prusse furent ainsi détruits, et il ne me resta que la poudre blanche légèrement colorée en brun ; je la fis dissoudre par l'ébullition dans l'acide hydrochlorique affaibli ; je la traitai alors avec une solution de chlorure de baryum, et elle me présenta des traces d'acide sulfurique (indications of sulphuric acid) ; je la fis alors évaporer jusqu'à siccité, et je la traitai de nouveau avec l'acide hydrochlorique très-affaibli ; alors il resta des traces de silice non dissoute.

L'addition d'une solution d'ammoniaque fit précipiter (threw down) un peu d'alumine et d'oxyde de fer ; puis la solution ammoniacale, traitée par l'acide oxalique, donna un précipité d'oxalate de chaux.

Une autre portion de cette même poudre, après calcination, fut mise en ébullition pendant quelque temps dans de l'eau distillée, et donna une solution contenant du sulfate de chaux. C'est donc de cette dernière substance, jointe à quelque autre corps (body) contenant de la silice, de l'alumine et peut-être de la chaux, qu'est formée cette poudre blanche, objet de l'expérience.

Je crois, en résumé, que cette substance est du kaolin ou de la poudre d'agalmatolite, la pierre à statue des Chinois, dite *marbre* des Chinois (1) ; je basarde cette conjecture non-seulement à raison des ingrédients que j'y ai trouvés, mais à cause de cette espèce de glaçure, d'apprêt (gloss), que présentaient toutes les parties des feuilles soumises au frottement, et que ces matières sont éminemment propres à produire.

Quatre ou cinq autres échantillons de Thé vert furent soumis au même mode d'expérimentation, et il ne s'en trouva qu'un seul qui fût dépourvu de ces petits grains bleus. C'était un Thé d'un prix très-élevé, acheté depuis deux ans. Les feuilles de celui-ci étaient recouvertes d'une espèce de poudre d'un bleu pâle au lieu de la poudre blanche entremêlée de petits grains bleus, qui se trouvait sur les autres échantillons.

Étant encore dans le doute si cette poudre et la coloration qui en résultait étaient une falsification pratiquée en Angleterre ou non, je m'adressai à un des plus forts négociants en Thé, de Londres, dont la moralité m'était parfaitement connue : il me remit, sur ma demande, une collection d'échantillons dont chacun était un échantillon moyen pris dans un certain nombre de caisses arrivées de Chine et restées parfaitement intactes ; je les inspectai tous à l'aide du microscope, procédant comme j'avais fait pour les premiers, et j'obtins les données suivantes : n° 1, impérial ; la feuille, vue

_____

(1) The figure stone of the Chinese. Il convient de remarquer que ce n'est réellement pas un marbre.

en dessous, était d'une couleur olive brun·brillant (bright olive brown colour) avec de petits filaments à sa surface ; elle était couverte d'une poudre blanche très-fine, parsemée de petits grains bleus excessivement déliés, affectant parfois l'apparence d'une tache ; n° 2, poudre à canon, pareil à l'échantillon n° 1, si ce n'est qu'on n'y voyait pas de filaments, ce qui, du reste, pouvait provenir de ce que les feuilles étaient excessivement frisées et recoquillées ; n° 3, Hyson : comme le n° 1, les petits grains bleus étant peut-être un peu plus nombreux ; n° 4, jeune Hyson, pareil à ce dernier ; n° 5, Twankey ; la feuille de celui-ci était d'une couleur tirant un peu sur le jaune, et abondamment recouverte de la même poudre blanche, offrant, d'ailleurs, en bien plus grande quantité, sur sa surface, ces mêmes granules bleus déjà observés.

Il ressortait évidemment de cet examen que les Thés arrivaient de Chine ainsi falsifiés.

Comme je détaillais à l'ami qui m'avait remis ces échantillons le résultat de mes investigations, il me demanda si j'avais eu occasion d'examiner des Thés *non glacés* (unglazed) ; cette expression me frappa, et je le priai de trouver bon que j'en soumisse quelques-uns de cette espèce à la même inspection : je pus alors m'assurer ,qu'ils présentaient à l'extérieur un aspect tout différent des Thés verts, au moins sous le rapport de la couleur; ils étaient d'une teinte brun jaunâtre, sans la moindre apparence de vert ou de bleu, et se rapprochaient même du noir dans les parties exposées au frottement.

Je reçus, peu après, deux échantillons de ces Thés *non glacés* présentés comme étant de première qualité, et deux autres de Thés ordinaires, ou, comme on les appelait par opposition aux premiers, de Thés *glacés* (glazed), mais également de qualité tout à fait supérieure ; je les soumis immédiatement à un examen attentif, dont voici le résultat : n° 6, *poudre à canon* non glacé, présentant au microscope la même couleur qu'à l'œil nu : filamenteux, couvert d'une poudre blanche, tirant un peu sur le brun, sans aucune apparence de bleu ; n° 7, Hyson non glacé : comme le n° 6 ; n° 8, poudre à canon verni : filamenteux, couvert d'une poudre d'un blanc très-pâle, avec de petits grains bleus, mais en petite quantité ; n° 9, Hyson glacé : comme le n° 8 ; n° 10, Pidding's Howqua ; appartenant évidemment à la catégorie des Thés glacés : filamenteux, couvert d'une poudre bleu pâle mêlée de granules bleus; n° 11, désigné sous le nom de *poudre à canon* de Canton : celui-là offrait, par exemple, un remarquable spécimen des Thés glacés, quant à la couleur ; il offrait une plus grande quantité de poudre et une couleur bleue plus foncée qu'aucun de ceux que j'eusse encore examinés, et cette poudre s'en échappa avec abondance lorsque je le transvasai d'un papier dans un autre.

Je passai en revue encore un assez grand nombre d'autres échantillons de Thés verts ordinaires (glazed), et j'obtins constamment les mêmes résultats; les Thés les moins chers, c'est-à-dire ceux dont l'usage est le plus généralement répandu, et qui forment la grande masse des opérations, répondant, en général, aux n°ˢ 5 et 11, et étant représentés par les Twankeys et les Hysons ou les poudres à canon de prix inférieurs.

Après plusieurs essais infructueux, je reconnus que cette poudre, cette espèce d'enduit (facing), si je peux m'exprimer ainsi, étant entièrement superficielle, on pouvait, sans beaucoup de peine, la détacher en totalité des feuilles de Thé ; qu'il suffirait, pour cela, d'agiter fortement l'échantillon dans une bouteille d'eau filtrée pendant quelques secondes, et de jeter le tout dans un filtre de toile fine, afin de faire passer le liquide aussi rapidement que possible avec la poudre en suspension, et de ne laisser dans le filtre que le Thé parfaitement lavé. .

A la suite de cette opération, le Thé, comme on peut le penser, avait totalement changé d'aspect ; de la couleur vert bleuâtre (bluish green) il avait passé à un jaune vif ou tirant sur le brun. Je m'assurai, d'ailleurs, qu'avec quelque précaution on pouvait le ramener à l'état de siccité complète, à une température au-dessous de 212°, sans même que la feuille se contournât de nouveau et sans qu'elle parût, du reste, avoir rien perdu de ses qualités.

Lorsque le Thé fut parfaitement sec, il devint à peu près d'un noir aussi foncé que les Thés noirs ordinaires. Examiné au microscope, il présentait une surface unie, entièrement exempte de la poudre dont j'ai parlé, et tous les caractères des Thés noirs, moins cette surface rugueuse qui appartient exclusivement à ces derniers, et qui provient évidemment de ce que, dans l'opération du séchage, on les soumet à une température beaucoup plus élevée.

L'eau trouble et colorée en vert, qui avait passé à travers le canevas du filtre, fut laissée en repos. Il se forma au bout de quelque temps un dépôt des matières en suspension provenant de différents échantillons, lesquelles furent recueillies avec soin, puis lavées et soumises à une série d'épreuves chimiques, ainsi qu'il suit :

Elles furent d'abord traitées avec une solution de chlore (chlorine gaz) dans l'eau, pour vérifier si la matière colorante était de l'indigo ou toute autre substance végétale. Beaucoup de personnes, en effet, avaient émis l'opinion que c'était au règne végétal que les Chinois empruntaient la matière dont ils se servaient pour colorer leurs Thés verts ; mais, dans aucune des expériences auxquelles je me suis livré, je n'ai trouvé que cette opinion fût fondée. J'ai toujours reconnu que l'agent de coloration était le ferrocyanide de fer ou bleu de Prusse (1).

La présence de ce composé fut prouvée jusqu'à l'évidence par l'épreuve suivante : je soumis une partie du dépôt dont il s'agit à l'action d'une goutte de potasse caustique ; la couleur verte passa immédiatement au brun rougeâtre vif, et la couleur primitive fut ramenée par l'addition d'une petite quantité d'acide sulfurique affaibli. Les autres ingrédients de ce que j'appellerai *cet enduit* furent dégagés par les procédés que j'ai indiqués plus haut, et aussi en chauffant une portion des matières déposées, après

---

(1) D'après des renseignements communiqués à M. Chevreul, ce ne serait qu'au commencement de ce siècle ou à la fin du xviiie que le bleu de Prusse a été importé à la Chine. — Ayant cette époque, M. Chevreul sait que les Chinois ajoutaient au Thé de la poudre d'indigo et de la poudre de sulfate de chaux.   (*Note du traducteur.*)

calcination et libre exposition à l'air, avec du carbonate de soude jusqu'à fusion, ce qui, dans le cas de la présence du sulfate de chaux, devait former du sulfate de soude et du carbonate de chaux; ces deux produits furent ensuite examinés.

J'arrivai ainsi à reconnaître que les nos 5, 8, 10 et 11 ci-dessus étaient glacés avec du bleu de Prusse et du sulfate de chaux. Les nos 6 et 7 n'offraient que du sulfate de chaux sans aucune trace de bleu de Prusse. Dans quelques échantillons, le sulfate de chaux paraît être du gypse en cristaux réduit en poudre fine, les parties les plus grosses présentant encore une forme cristalline.

Enfin je pus aussi me procurer des échantillons de Thés de la province d'Assam dans leur état naturel. N° 12, impérial, n° 13, poudre à canon, et n° 14, Hyson. Ils n'offraient nulle trace de grains bleus, étaient très-filamenteux, et présentaient toute l'apparence des Thés non glacés, quoique de couleur un peu plus vive. Ils paraissaient recouverts de sulfate de chaux. N° 15, Hyson d'Assam, de la dernière importation. Celui-ci appartenait, sans aucun doute au Thé non glacé; la poudre blanche qui le recouvrait affectait une légère teinte brune, et se composait d'un peu d'alumine et d'une faible quantité de sulfate de chaux.

Il ressort donc de l'ensemble de ces expériences et observations que *tous les Thés verts* importés dans notre pays sont glacés ou recouverts, à leur surface, d'une poudre composée principalement :

Soit de bleu de Prusse et de sulfate de chaux ou de gypse, comme dans le plus grand nombre des échantillons examinés, avec une addition, dans quelques cas, d'une substance végétale de couleur jaune ou orange, ou de sulfate de chaux teint préalablement (stained) avec du bleu de Prusse, comme les nos 8 et 9, et dans un de ceux que j'ai d'abord examinés ;

Soit de bleu de Prusse avec addition d'une substance végétale de couleur orange, de sulfate de chaux et d'une matière supposée être du kaolin, comme dans le premier échantillon dont j'ai fait mention ;

Soit enfin de sulfate de chaux seul, comme dans les échantillons non glacés.

Il serait assez intéressant de savoir dans quel but ces substances sont ainsi appliquées à la surface des feuilles de Thé ; de savoir si, par exemple, dans les cas où le sulfate de chaux est employé seul, il est simplement destiné à agir comme absorbant pour achever de détruire les dernières traces d'humidité que le séchage n'a pu éliminer complétement (1), ou plutôt, comme je le crois, si le but des préparateurs est de donner aux feuilles cette apparence brillante, cette *fleur* (bloom), cette coloration enfin, qui caractérisent particulièrement les Thés verts, et qui sont tellement prisées par les consommateurs, que les Thés non glacés subissent, je le sais d'une manière positive, une dépression de prix très-sensible.

Il me paraît certain que cette dernière circonstance ne peut provenir que de

---

(1) Ce qui n'est pas à supposer, attendu qu'il est en trop petite quantité pour avoir cette action.
(*Note du traducteur.*)

l'ignorance où l'on est généralement de la manière dont les choses se passent ; car il serait par trop ridicule de supposer qu'on préfère *sciemment* un
produit teint et même falsifié (l'expression n'est pas trop forte) à un produit naturel. »

CHAPITRE II.

Vente du Thé dans les districts à Thé. — Diverses manières de le préparer.
— Causes de leur coloration. — Prix d'une tasse de Thé en Chine. —
Essais de culture du Thé dans l'Inde.—Résultats qu'on peut en attendre.

Lorsque les Thés sont prêts pour la vente, les marchands,
dont les opérations se font sur une large échelle, ou leurs
commis, quittent les villes du district où ils font leur résidence
habituelle et vont s'établir dans de petites auberges, qui sont
en très-grand nombre dans cette partie de la province. Ils
transportent avec eux des charges de monnaie de cuivre pour
faire leurs payements. Aussitôt que leur arrivée est connue,
les producteurs de Thé apportent leurs échantillons pour les
soumettre à leur inspection. C'est un coup d'œil assez curieux
que de voir tous ces petits fermiers ou laboureurs arrivant
par toutes les routes, et portant chacun sur l'épaule deux
caisses ou paniers suspendus à des bâtons de bambou.

Arrivés à la demeure du marchand, ils ouvrent leurs
caisses, et on se livre à l'examen du Thé. Si la qualité et le
parfum conviennent, si l'on est d'accord pour le prix, le Thé
est bientôt pesé et livré, et l'argent, ou plutôt le cuivre,
compté ; le vendeur remporte sa charge de monnaie sur son
épaule, et retourne à sa ferme. Si, au contraire, le prix offert
lui paraît trop faible, la caisse est refermée avec une apparente indifférence, remise sur l'épaule, et l'on va faire des
offres à un autre acheteur.

Il arrive aussi quelquefois qu'un marchand traite avec un
ou plusieurs cultivateurs à un prix fixé, dont une partie est
ordinairement payée d'avance. C'est ce qui a lieu le plus
généralement à Canton, où les négociants étrangers sont bien

aises de s'assurer à l'avance telle ou telle espèce de Thé.

Après que les Thés ont été vendus et livrés dans le pays de provenance, on les transporte à la ville la plus voisine ; là on en fait une espèce de choix, on les assortit, et ils sont définitivement empaquetés pour être envoyés sur les marchés de l'Europe et de l'Amérique.

Tel est exactement le système de culture, de préparation et de vente, tel que j'ai pu l'observer par moi-même dans la province de Che-Kiang.

Dans les districts à Thé noir du Fo-Kien, que j'ai visités, l'exploitation et les procédés sont les mêmes que dans le Che-Kiang.

J'ai déjà dit que la plante qui produit le Thé noir, près de Foo-Chow, est absolument la même qui croît dans les districts à Thé vert du nord. L'arbre à Thé des coteaux du Fo-Kien se trouvant plus au sud, et conséquemment sous un climat plus chaud, parvient à une grande élévation. Au risque de me répéter quelque peu, je rendrai compte ici de ma visite dans cette région montagneuse.

Chaque laboureur ou petit fermier a deux ou trois pièces de terre plantées en Thé sur le flanc de ces petites montagnes, et qui sont, en général, exclusivement soignées et exploitées par les membres de sa famille. Lorsque vient le temps de la récolte, on ferme la porte de la maison, on se transporte en masse dans les plantations, et là commencent la cueillette des feuilles. On choisit, pour ce travail, de beaux jours, afin que les feuilles soient aussi sèches que possible.

Cette première récolte se fait dans les premiers jours du printemps, lorsque les boutons des feuilles commencent à se montrer. On en fait une qualité de Thé tout à fait supérieure, qui répond à celle que l'on obtient des premières feuilles dans les districts à Thé vert. La seconde récolte, comme nous l'avons déjà dit, est la plus importante ; les feuilles de la troisième et de la quatrième sont grossières et donnent un Thé d'une qualité inférieure.

Lorsque les feuilles sont rapportées à la maison, on les vide d'abord dans des espèces de cribles de bambou, et, à moins que le soleil ne soit trop ardent, on les expose à l'air, pour commencer à leur enlever l'humidité. Quand elles ont subi un commencement de dessiccation, on les met dans une bassine de cuivre, de la même forme que celles dans lesquelles les Chinois font cuire leur Riz, et que l'on place sur un feu doux. A mesure que la chaleur agit sur les feuilles, elles dégagent le surplus de l'humidité qu'elles contenaient; elles font entendre comme un petit petillement, et enfin ne tardent pas à devenir douces et flexibles. La personne chargée de les soigner les agite fortement pendant cinq minutes environ, puis les retire et en met d'autres. Les feuilles ainsi chauffées sont déposées sur un grand crible formé de bâtons plats de bambou assujettis l'un contre l'autre. Ce crible est placé sur une table à hauteur d'appui, et alors commence l'opération du *roulage* (rolling). Trois ou quatre ouvriers en prennent des portions et se mettent à les presser fortement et à les rouler, pendant une ou deux minutes, de la manière que nous avons déjà décrite. On les rejette sur la table et on les examine avec soin pour voir où en est l'opération ; puis on les reprend ; on recommence, et cela trois ou quatre fois ; après quoi on les agite vivement, et on les étale en couches assez minces sur d'autres cribles en bambou.

Jusqu'à ce point du travail de préparation du Thé, toutes les feuilles ont été soumises au même traitement. Mais à ce moment, du moins dans le district dont je parle, le Thé est partagé en deux sortes, dont chacune est traitée d'une manière différente. Dans l'idiome de cette province on les nomme *Luk-Cha* et *Hong-Cha*.

La première est comme un mélange de Thé noir et de Thé vert, et je soupçonne qu'elle ne sert qu'aux habitants du pays; la seconde est notre Thé noir ordinaire.

Le Luk-Cha est préparé de la manière suivante : après que les feuilles ont été roulées et pressées comme nous avons dit, on les agite modérément et on les fait sécher à l'air. On a bien soin de ne pas les exposer à un soleil trop ardent, et ce qu'il y a de mieux pour cette opération est un temps sec, mais un peu couvert, et où le soleil est, à de certains moments, obscurci par les nuages.

Après que les feuilles ont été ainsi exposées à l'air pendant une heure ou deux, et même plus, car cela dépend de plusieurs circonstances, de l'état plus ou moins humide de l'air et de la convenance même des travailleurs, on les rapporte à la maison pour procéder au séchage définitif. Aux bassines en cuivre dans lesquelles on les avait d'abord chauffées et qui sont construites de manière à pouvoir s'enlever facilement, on substitue des cribles de bambou, exactement de mêmes forme et grandeur, dans lesquels on les place. On les soumet à un feu doux et modéré, qui fait sortir peu à peu et par degrés l'humidité. Au bout de quelques minutes, le crible est enlevé et placé dans un autre plus grand, mais dont le fond est plus étroit. On agite alors les feuilles, on leur imprime un mouvement de rotation, de sorte que toutes les plus petites feuilles tombent, par les interstices du crible, dans celui de dessous. (Ces petites feuilles sont, plus tard, recueillies avec soin, mises à part, et forment une qualité particulière.)

Les deux cribles sont ensuite placés sur le fourneau. Les feuilles sont alors l'objet de la surveillance la plus attentive ; on les retourne fréquemment pendant une heure environ, au bout duquel temps le Thé est considéré comme sec. Quelquefois encore, si le temps est favorable, on l'expose pendant quelques instants au soleil avant de le mettre en paquet.

Le Hong-Cha, qui est, comme je l'ai dit, notre Thé noir ordinaire, est préparé autrement. D'abord, quant à l'opération du roulage, bien qu'elle se fasse à peu près de la même manière, les habitants y apportent beaucoup plus de soin, surtout pour celui qui est destiné à l'exportation. L'exposition à l'air, qui précède le chauffage (firing), se prolonge pendant deux ou trois jours ; c'est là, sans aucun doute, ce qui lui donne cette couleur noire que n'ont pas les Thés de la même espèce, mais dont la dessiccation s'opère plus rapidement. Ensuite, pour le chauffage, au lieu de mettre les feuilles par portions, et successivement, dans des cribles ou paniers de bambou, on se sert de bassines ou chaudrons en cuivre que l'on remplit. Un ouvrier, choisi parmi les plus âgés et les plus exercés, est chargé du soin du fourneau, dans lequel il entretient un feu toujours égal. Les plus jeunes ont pour office de remuer sans cesse les feuilles dans la bassine, afin d'éviter qu'elles ne brûlent. Ce travail s'accomplit à l'aide d'un balai formé de petits brins de Bambou fendu.

Le Thé ainsi traité prend promptement la couleur noire, et a une apparence toute différente du *Luk-Cha*. Lorsqu'il a été amené à son point de siccité convenable, il ne reste plus naturellement qu'à le cribler, le trier, et le diviser par qualités différentes pour être empaqueté et expédié à l'étranger.

Il résulte de tout ce qui vient d'être dit que le *Thé noir* acquiert cette coloration 1° parce qu'il est plus longtemps exposé à l'air dans un état encore humide; 2° parce qu'on le soumet, dans les bassines, à une plus forte chaleur.

Quant aux Thés verts, il n'y a aucun doute que ceux que consomment les Chinois n'ont que la teinte verdâtre pâle qu'ils acquièrent naturellement en séchant, et que ceux qui présentent cette teinte de vert brillant que nous appelons la fleur (blooming) ont tous été soumis à la teinture, sans aucune exception.

En résumé, je consigne de nouveau ici ce fait que les Thés noirs et verts du nord de la Chine sont produits avec la même variété, le *Thea viridis*, et que les vrais Thés noirs de la province de Canton sont faits avec le *Thea Bohea*. Il s'ensuit que les Thés noirs peuvent s'obtenir et s'obtiennent, en effet, de deux espèces différentes, et que, les Thés verts ne devant évidemment cette coloration qu'à la teinture, on pourrait aussi bien nous faire des Thés jaunes ou rouges, si nous venions jamais à changer de goût et à préférer ces dernières couleurs.

On cultive, dans certains districts, plusieurs espèces de fleurs odorantes pour les mêler au Thé et le parfumer; je citerai notamment l'*Olea fragrans*, le *Chloranthus inconspicuus*,

l'*Aglaia odorata*, etc., etc. Je suppose qu'on laisse ces fleurs
sécher naturellement, et qu'ensuite on les mêle avec les
feuilles de Thé.

La contrée à Thé la plus importante de la Chine est située
entre le 25e et le 31e degré de latitude nord, sans parler du
territoire de Canton, qui n'en produit que de qualité très-infé-
rieure (very inferior quality). Les provinces dans lesquelles on
sait que l'arbre à Thé se cultive sur la plus large échelle sont
le Fo-Kien, le Che-Kiang et le Kiang-Nan. Il serait difficile de
fixer au juste la quantité qui s'en exporte chaque année, à
raison des nombreuses cargaisons qui sont incessamment envoyées, par navires chinois, en Cochinchine, à Siam, Borneo
et sur tous les points de ces parages. Quant aux exportations
pour tous les autres pays, voici des chiffres que je dois à l'obligeance de M. Winch, de Liverpool, et qui, je crois, s'éloignent
très-peu de la réalité :

Exportation pour la Grande-Bretagne du 30 juin 1845 au
30 juin 1846. . . . . . . 57,584,561 livr. angl. (1).
Pour les États-Unis d'Amé-
rique du 30 juin 1845 au
30 juin 1846. 18,502,142
Pour l'Europe continentale
pour l'année 1845. . . . 4,051,529
                          _____
                          80,138,232

En outre, les exportations pour Sydney et les autres parties
de l'Australie montent environ à 4,000,000 de livres, et le
chiffre de ce qui est envoyé par la voie de terre en Russie
s'élève à plus de 5,000,000 de livres. Au total, si nous éva-
luons toutes les exportations à 90,000,000, ou, en comptant
ce qui est fourni à la Cochinchine, au pays de Siam, à Borneo, etc., à 95,000,000, nous serons, à très peu de chose
près, dans le vrai.

Quoique ce chiffre soit assez considérable, il est encore

---

(1) La livre anglaise *avoir du pois* est de 453 grammes.

bien au-dessous de ce que les Chinois eux-mêmes en consomment. Sir Georges Staunton a dit avec raison « que la
« quantité de Thé annuellement produite en Chine est telle,
« et le prix tellement bas dans le pays, que, dans le cas
« même où la demande étrangère viendrait tout à coup à
« manquer, il n'en pourrait résulter aucune diminution sen-
« sible de prix sur le marché intérieur. »

On conçoit, en effet, que cette consommation doit être
immense. Rarement un Chinois boit de l'eau ; le Thé est sa
boisson préférée quand il est altéré, et on en prend à tous
les repas. Les maisons où on le débite sont habituellement
remplies comme nos tavernes ou nos cafés. Les jardins à Thé
(c'est-à-dire où l'on va prendre le Thé, et ils méritent bien
ce nom) sont en grand nombre dans toutes les villes. En
outre, chaque rue, chaque ruelle, possède ses *Tea houses* (1)
qui à certains moments de la journée sont littéralement encombrées de consommateurs. Et ce n'est pas seulement dans
les villes que cette énorme consommation a lieu. Le long des
grandes routes, sur les chemins qui sillonnent les contrées
montagneuses, près des temples de Buddha, et dans les localités même les plus écartées, il existe en quantité de ces *Tea
houses* où l'on est sûr de trouver toujours du Thé tout prêt.

Là on se procure une tasse de Thé pour la modique somme
de 1 ou au plus 2 *cash;* et si on veut bien considérer que
100 *cash* font environ 4 pence et demi (45 centimes de
notre monnaie), on verra que le paysan chinois peut se donner le plaisir de boire deux ou trois tasses de son breuvage
favori pour environ un centime. Quant à moi, je n'hésite pas
à affirmer que chaque habitant du Céleste Empire boit environ trois ou quatre fois autant de Thé qu'un Anglais.

En portant à 300,000,000 le nombre de Chinois buveurs
de Thé (2) et supposant que chaque individu consomme

---

(1) Maisons à Thé, équivalent de nos cafés (coffee houses).
(2). Et je l'abaisse à ce chiffre, parce que j'ai su que, dans quelques parties du sud-ouest, on n'en consomme, en général, qu'une faible quantité.

6 livres par an (1), nous arrivons à ce chiffre prodigieux de 1,800,000,000 de livres ; je le crois encore au-dessous de la vérité, attendu que, d'une part, ils n'ont pas d'autre boisson comme boisson ordinaire, non spiritueuse, non enivrante (uninoxicating), et que, en fait de spiritueux, le *Sanchio*, liqueur très-forte, est le seul qui paraisse sur leurs tables.

Ainsi admettons ce chiffre pour la consommation totale de l'empire chinois, ajoutons-y les 95,000,000 de livres d'exportation, et nous arrivons à une quantité de 2,895,000,000 de livres de Thé fabriquées annuellement en Chine.

Depuis que notre gouvernement a été amené à réduire les droits d'entrée sur le Thé, on a posé la question de savoir si, dans le cas où la demande viendrait à s'accroître sensiblement, les Chinois pourraient continuer à nous en fournir sans augmentation de prix. Pour mon compte, je suis convaincu, avec sir Georges Staunton, que la cessation subite de toute demande étrangère n'affecterait pas sensiblement en baisse le prix du marché chinois. Dès lors il est naturel de croire, avec M. Winch (2), qu'un accroissement dans les achats de l'Angleterre n'aurait pas non plus pour résultat de produire une hausse de quelque importance. Je ne doute pas que toute personne ayant parcouru la Chine et observé le marché ne partage mon opinion à cet égard. Déduisant, d'ailleurs, mon sentiment de l'expérience du passé, je vois que, bien que nos demandes, en ce qui concerne le Thé, aient suivi une marche toujours croissante, les prix, loin de s'élever, ont plutôt éprouvé une diminution. « Ainsi en 1846 « nous avons importé 24,000,000 de livres de plus qu'en « 1833, et cependant le prix moyen de 1846 a été d'envi- « ron 1 schelling (1 fr. 25 c.) au-dessous de celui de 1833. »

En premier lieu, je dirai qu'en présence d'un accroissement notable dans la demande il serait facile aux Chinois d'y

---

(1) Les enfants en boivent presque autant que leurs parents.
(2) Dans une brochure intitulée, *Examen de la question des droits sur le Thé.*

satisfaire sur leur consommation habituelle, sans la réduire
beaucoup. J'ajouterai que ce fait venant à se produire et à être
connu dans les districts à Thé, on ne manquerait pas d'apporter plus de soins et de donner plus d'extension à cette culture. Ce nombre immense de petits fermiers dont j'ai parlé,
et qui, dans l'état actuel, ne cultivent le Thé que pour leur
consommation, avec un faible excédant dont la vente sert à
leur procurer les autres nécessités, augmenteraient leurs
plantations de manière à fournir le surplus demandé. Avec
peu de dépense on couvrirait d'arbres à Thé de vastes étendues de terrain situées sur les pentes des coteaux, et qui ne
portent encore aujourd'hui que du Bambou et des buissons.
Concluons donc avec certitude que le surcroît de demande
que nous pourrions faire, et que nous ferons probablement
dans un temps donné, pourrait nous être livré sans augmentation de prix.

Je n'ai qu'une connaissance imparfaite des provinces situées à l'ouest de Che-Kiang et de Kiang-Nan; mais, si le terrain y est accidenté et montueux, il est probable qu'il y a
encore, de ce côté, de grands districts à Thé inconnus aux
Européens.

Cette vaste région, renfermée entre les degrés de latitude
que nous avons mentionnés quelques lignes plus haut et s'é-
tendant de l'archipel de Chusan, à l'est des montagnes de
l'Himalaya, vers l'ouest, jouit d'un climat, d'ailleurs, très-
favorable à cette culture.

Dans tous les cas, s'il y avait quelques doutes sur la facilité
d'augmenter nos approvisionnements de Thé en Chine, tour-
nons nos regards vers nos possessions de l'Inde.

Nous devons convenir, il est vrai, que jusqu'à présent les
résultats de nos essais de culture du Thé dans la province
d'Assam n'ont pas été très-satisfaisants; mais tout ce que j'ai
d'expérience des contrées à Thé de la Chine concourt à me
prouver que les parties septentrionales des montagnes de
l'Inde, comprenant une partie de l'Himalaya, conviennent
beaucoup mieux à ce produit que le pays d'Assam, situé plus

au sud. La variété primitive, celle qui donne le meilleur Thé, le *Thea viridis*, n'existe nulle part dans les districts méridionaux de la Chine, et, quand on l'y transporte, elle ne réussit pas. Dans le Fo-Kien, où elle sert aussi à fabriquer le Thé noir, elle ne vient bien que sur les parties les plus élevées, à 2 ou 3,000 pieds au-dessus du niveau de la mer ; mais même les Thés obtenus dans ces conditions, et désignés sous le nom de *Thé Ankoy*, sont considérés comme très-inférieurs aux qualités produites plus au nord. Sous ce rapport, des résultats analogues ont été constatés également dans l'Inde.

Dans l'Himalaya, nous avons des sols d'exposition et d'élévation très-variées et un climat tout aussi favorable pour l'arbre à Thé que celui des meilleurs districts à Thé de la Chine. Le docteur Royle, lorsqu'il était directeur du jardin botanique de la compagnie des Indes, à Saharumpore, en 1827, et aussi en 1831, signala au gouvernement les districts de Kamaon, de Gurwhal et de Sirmore, comme étant très-convenables pour cette culture. Dans son livre intitulé, *Essai sur les forces productives de l'Inde*, il déclare que non-seulement il a la certitude que l'arbre à Thé pourra très-bien prospérer sur les pentes de ces montagnes, mais qu'il y donnera des produits plus savoureux et de meilleure qualité que dans l'Assam.

D'après ces indications, des essais furent tentés, en 1836, sous la direction du docteur Falconer, près d'Almorah et dans le Deyra-Doon, avec des graines de Thé provenant des cantons d'Ankoy, en Chine ; on y envoya des ouvriers chinois qu'on fit venir des pépinières du gouvernement établies dans l'Assam. Le dernier rapport du docteur Jamieson, successeur du docteur Falconer, est très-satisfaisant. Les échantillons qu'il a envoyés en Angleterre ont été soumis à l'examen de quelques grands négociants en Thé, et d'autres personnes expérimentées en cette matière, telles que MM. Ball et Hunt, et il a été constaté, par leur déclaration, « qu'ils étaient d'excel-
« lente qualité, qu'ils appartenaient à la sorte des Thés d'Oo-

« long, et qu'ils égalaient les Thés chinois de 2 schellings
« et 1/2 à 3 schellings la livre. »

Les plants qui les avaient fournis venaient, comme je l'ai
dit, de graines envoyées d'Ankoy, et appartenaient, conséquemment, au *Thea viridis*; mais il convient de remarquer
que, dans le Fo-Kien, cette variété a subi une certaine détérioration sous l'influence du climat. Aussi j'engage fortement
nos expérimentateurs de l'Inde à faire venir leurs plants et
graines de la province de Che-Kiang, où l'arbre à Thé croît
dans toute sa force et dans les meilleures conditions, et je
considère ce soin comme très-important.

J'ai dit que le terrain dans lequel cette plante réussit le
mieux est un riche *loam*, un peu graveleux, et surtout privé
de toute humidité surabondante, soit naturellement, soit par
le drainage. Les plantations, dans le Che-Kiang, s'établissent
toujours sur le penchant des collines, et jamais dans les parties basses.

A la suite de toutes ces indications viennent se présenter,
pour nous, les questions suivantes :

Possédons-nous ou pouvons-nous posséder dans l'Inde la
variété d'arbre à Thé produisant la meilleure qualité de Thé
en Chine ?

L'Inde jouit-elle de l'avantage d'une main-d'œuvre suffisamment économique pour cette branche d'industrie rurale?

Enfin les conditions de sol, d'exploitation et de manuten-
tion sont-elles égales dans les deux pays?

Si ces questions étaient résolues affirmativement, il est évident que nous pourrions compter sur les mêmes résultats que
les Chinois.

Le docteur Jamieson est d'avis que, si une fois on arrive à
cultiver le Thé dans l'Inde sur une large échelle, on pourrait
livrer le Thé, à Calcutta, à 6 pence (60 centimes) la livre (1).
On en a vendu à Almorah, dans le voisinage des établisse-

---

(1) En Chine, on a d'excellent Thé pour environ 5 pence (50 centimes) la
livre; les qualités inférieures se vendent 2 à 3 pence. Les Thés tout à fait
supérieurs valent 1 schelling (1 fr. 25 c.).

ments, 4 à 5 schellings la livre, c'est-à-dire au même prix que vaut le Thé chinois de bonne qualité à Calcutta.

Si la culture dont il s'agit réussit et se développe dans nos possessions de l'Inde, l'avantage sera immense. La population si considérable de ce vaste territoire se procurerait ainsi une boisson saine et très-peu coûteuse, et des milliers de familles trouveraient du travail dans les diverses opérations qui se rattachent à la production du Thé, sans parler du bénéfice que l'Angleterre elle-même en retirerait.

De Foo-Chow-Foo, province de Fo-Kien,
sur la rivière de Min.

. . . .

Je désirais vivement pénétrer dans l'intérieur du pays, surtout dans les districts à Thé noir; mais les mandarins, qui étaient instruits de toutes mes démarches par leurs espions, firent tout ce qu'ils purent pour me détourner de ce dessein. Ainsi ils dirent au Consul, et ils finirent par le lui faire croire, que leur motif pour m'éloigner d'entreprendre ce voyage était le caractère bien connu des naturels de la contrée, qui seraient gens à me faire un mauvais parti. Ils ajoutaient qu'ils allaient s'occuper de nouer quelques relations dans le pays, afin que je pusse m'y rendre ensuite avec plus de sûreté.

Mais j'avais déjà assez vécu avec les Chinois pour me méfier d'eux complétement, quand je pouvais leur supposer quelque arrière-pensée. Lorsqu'ils ont un but secret, toute la question pour eux est de savoir s'ils l'atteindront par la vérité ou par le mensonge. Ils prennent l'une ou l'autre voie suivant ce qui convient le mieux à leurs projets, tout en conservant cependant une certaine préférence pour la dernière.

Lorsqu'ils virent que ma résolution était bien prise malgré leurs descriptions effrayantes des mœurs des habitants de ce district, ils me déclarèrent que je n'y trouverais pas de plantations de Thé, dans la conviction où ils étaient qu'un Anglais ne peut avoir un autre but, en explorant leur pays, que d'aller à la recherche de la plante qui produit leur boisson favorite. Il faut que l'on sache que les Chinois sont parfaitement persuadés que nous cesserions d'exister comme nation, si nous étions privés des productions du Céleste Empire.

Il a été constaté que, pendant la dernière guerre, l'Empereur recommandait par-dessus tout à ses sujets de faire tout au monde pour empêcher les Anglais de se procurer du Thé et de la Rhubarbe, attendu, disait-il, que le premier est nécessaire à leur existence, que la seconde est pour eux un remède sans lequel ils ne pourraient vivre longtemps; qu'ainsi, par la privation de ces deux choses si nécessaires, on en viendrait plus sûrement à bout que par les armes.

Je répondis donc aux mandarins qu'il m'importait peu qu'il y eût ou non des fermes à Thé dans l'intérieur du FoKien, mais que j'étais décidé à m'y transporter. En conséquence, dès le lendemain, je me mis en route et me dirigeai vers les montagnes à Thé. Le pays plat que j'eus à traverser, de la partie nord de la ville jusqu'à la région montagneuse, est cultivé principalement en Riz, en Cannes à sucre, en Gingembre et en Tabac.

Sur les pentes des coteaux, et aussi sur les parties plus élevées jusqu'à une certaine distance, on récolte des Patates douces et des Châtaignes pendant la belle saison; mais, à mesure qu'on s'avance, les montagnes s'élèvent, deviennent plus abruptes, toute culture cesse, et on ne trouve plus que les plantes appartenant spécialement à la contrée.

En pénétrant dans cette région montagneuse, à une hauteur de 2 ou 3,000 pieds (anglais) au-dessus du niveau de la mer (environ 6 ou 900 mètres), j'arrivai enfin au district à Thé noir que j'étais désireux de voir, et dont mes *bons amis* les mandarins m'avaient nié l'existence. Ayant déjà exploré des provinces à Thé vert dans le nord de la Chine, j'étais curieux de vérifier d'une manière certaine si l'arbre à Thé était le même ici, ou si, comme on le croyait généralement, c'était une espèce différente. J'ai dit, dans un chapitre précédent, que l'arbre à Thé vert du nord est le véritable *Thea viridis* des botanistes.

Par un concours de circonstances doublement heureuses non-seulement j'avais découvert un très-vaste district à Thé, mais je m'y trouvais précisément au temps où les naturels recueillent et préparent les feuilles. Je pus donc, en premier lieu, me procurer de précieux échantillons pour mon herbier, et, en outre, des pieds vivants que je comparai immédiatement, et avec la plus rigoureuse attention, aux plants de *Thea viridis* que j'avais rapportés des provinces du Nord. Je pus alors constater qu'ils présentaient une identité parfaite. Ce fut pour moi une nouvelle et incontestable démonstration que les Thés verts et noirs qui sont importés en Angleterre des provinces à Thé de la Chine sont obtenus de la même variété, et que les différences de couleur et de parfum ne proviennent que d'un mode différent de préparation.

La température de Foo-Chow-Foo paraît tenir le milieu entre celle de Hong-Kong au sud et celle de Shanghaï au nord. En juin et au commencement de juillet, le thermomètre marque 85 à 95 degrés Fahr., et vers le milieu de ce dernier mois il atteint 100 degrés, limite qu'il dépasse rarement.

La table suivante a été relevée par M. Tradescant-Lay :

	MAXIMUM.	MINIMUM.
Août......................	96°	82°
Septembre....................	90	82
Octobre.....................	86	71
Novembre	78	65
Décembre...................	75	44
Janvier.....................	72	44

La température est généralement très-variable et humide à

l'époque où règne la mousson d'été, c'est-à-dire d'avril à
juin; en juillet et août, surviennent de fréquents orages. Vers
la fin d'août, en septembre et octobre, le temps est habituellement très-sec. La mousson tourne alors au nord-est; le
temps redevient très-variable pour tout l'hiver.

CHAPITRE III.

Deuxième voyage.

Arrivée à Shanghaï. — Voyage dans la province à Thé de Hwuy-Chow. —
Sung-Lo-Slau, pays originaire du Thé; ses végétaux; sa température.
—Coloration du Thé.

Shanghaï, septembre 1848.

Mon but, en me dirigeant ainsi vers le nord, était de me
procurer de bonne graine et de bons plants de Thé, pour les
plantations de la compagnie des Indes dans les provinces nord-
ouest de l'Inde. C'était pour moi une question d'une grande
importance de me les procurer dans ces districts mêmes, où
se fabriquent les meilleurs Thés, et je me voyais maintenant
en mesure d'atteindre ce résultat. Je savais bien que dans
les environs de Ning-Po on préparait, pour la consommation
intérieure, des Thés verts d'excellente qualité, mais peu
convenables pour le marché étranger. Il se pouvait faire que
ce fût la même variété avec laquelle on obtenait les plus
belles qualités d'exportation, et que la différence ne provînt
que du climat, du sol, ou, plus probablement encore, d'un
autre mode de manipulation. Mais la chose restait à l'état de
doute; aucun étranger, à ma connaissance, n'avait encore
visité le territoire de Hwuy-Chow, et, conséquemment, n'en
avait rapporté de plants de Thé.

3

Dans cette situation, je pensai que je ne remplirais pas convenablement ma mission, si je me bornais à me procurer des plants et des graines du district de Ning-Po, en partant de cette supposition, très-gratuite d'ailleurs, que les Thés de ce canton étaient les mêmes que ceux de la vaste province *à Thé vert* de Hwuy-Chow.

C'était chose facile que de se procurer graines et plants des environs de Ning-Po. En effet, les étrangers sont admis à visiter les îles de l'archipel de Chusan, notamment celles de Chusan et de Kin-Tang, dans lesquelles cette plante croît en abondance. Il leur est même permis d'avancer jusqu'à la célèbre pagode de Tein-Tung, à environ 20 milles de Ning-Po, et près de laquelle on cultive aussi le Thé sur une grande échelle.

Mais quant à la province de Hwuy-Chow, située dans l'intérieur, à plus de 200 milles des ports de Shanghaï ou de Ning-Po, c'est une contrée fermée aux Européens. A l'exception de quelques missionnaires jésuites, personne n'a encore pu pénétrer sur ce territoire sacré et inviolable.

Déterminé à me procurer, par quelque moyen que ce fût, des Thés de ce pays, j'avais le choix entre deux moyens : ou y envoyer des agents avec mission de m'en rapporter, ou essayer d'y aller moi-même. Le premier mode offrait un grave inconvénient, c'était la chance d'être trompé par ces agents. Il est impossible d'avoir aucune confiance dans la véracité des Chinois. Les hommes que j'aurais chargés de ce soin auraient très-bien pu se rendre à 25 milles de Ning-Po, y séjourner trois semaines ou un mois, et me rapporter des plants et graines supposés achetés à Hwuy-Chow. Je n'assure pas qu'ils l'eussent fait, mais il y avait de grandes probabilités pour l'affirmative, et je ne devais pas m'y exposer.

Je renonçai donc à cette idée, et je me décidai à tenter de pénétrer de ma personne dans ce district inconnu, afin d'être à même, non-seulement de rapporter ces plants qui produisent les plus beaux Thés du commerce, mais aussi de recueillir des informations précises sur la nature du sol et sur les meilleurs procédés de culture.

J'avais alors avec moi deux domestiques chinois; je leur demandai s'ils pensaient que je pusse pénétrer jusqu'à Hwuy-Chow; ils me répondirent que la chose n'était pas impossible et qu'ils m'accompagneraient volontiers; mais à la condition que je quitterais mes vêtements anglais et que je prendrais le costume chinois. Je savais d'ailleurs que cette formalité était de rigueur et je m'y déterminai sans peine.

Ici l'auteur décrit les divers incidents et les péripéties de son voyage. A 150 ou 200 milles, il commence à apercevoir les plantations de Thé sur les coteaux; enfin, le 31 octobre, il arrive à Wae-Ping, place fortifiée, cité importante du territoire de Hwuy-Chow, contenant environ 150,000 habitants, et située à environ 300 milles de Shanghaï. Après deux autres jours de navigation, il arrive à Tun-Che, ville où il se fait un grand commerce de Thés, et qui forme comme le port de Hwuy-Chow-Foo, la capitale de la province. Presque tous les Thés qui sont dirigés sur Haug-Chow-Foo et sur Shanghaï sont chargés dans ce port. — L'auteur reprend ainsi son récit :

Sur toute la route, depuis Yen-Chow-Foo, la rivière était comme encaissée à droite et à gauche par des coteaux élevés et à pentes rapides. A Tun-Che les collines sont plus éloignées; le pays plus ouvert forme une large et magnifique vallée, au milieu de laquelle coule la rivière. La presque totalité de cette vallée est cultivée en Thé. Le sol est riche et fertile, et la plante y présente une admirable végétation; je n'avais vu nulle part encore des pieds de Thé aussi vigoureux, ce qui m'a pleinement convaincu que la bonté du terrain contribuait beaucoup à la supériorité des Thés de Hwuy-Chow.

Après avoir passé quelques heures à Tun-Che, nous louâmes des litières pour aller plus loin. Nous traversâmes la rivière, et, vers le soir, nous arrivions à Sung-Lo, près de laquelle sont les célèbres coteaux nommés Sung-Lo-Shan, où l'on dit que l'arbre à Thé a été découvert pour la première fois.

La montagne Sung-Lo, ou Sung-Lo-Shan, est dans la province de Kiang-Nan, district de Hieu-Ning, ville située au 29ᵉ degré 56′ de latitude nord et au 118ᵉ degré 15′ de longitude est. Elle jouit d'une grande célébrité en Chine, comme étant le lieu où l'arbre à Thé fut découvert pour la première fois, et où on commença à faire du Thé vert. Dans un ouvrage nommé Hieu-Ning-Chy, publié en 1693, et cité par M. Ball, se trouve le passage suivant :

« Le Thé est originaire de la montagne de Sung-Lo. Un bonze, de la secte de Fo, apprit à un homme, de la province de Kiang-Nan, à préparer le Thé qui, par ce motif, s'appela d'abord Thé de Sung-Lo. Le Thé ne tarda pas à devenir fort en vogue, tellement que le bonze fit promptement fortune et quitta son état. L'homme a disparu et le nom seul est resté. O vous, hommes de savoir et voyageurs, qui voudriez retrouver le Thé de Sung-Lo, vous chercheriez en vain, car tout celui qui se vend sur les marchés est contrefait. »

La montagne de Sung-Lo est élevée d'environ 2,500 à 3,000 pieds au-dessus du niveau du sol. Elle est très-aride, et quelque richesse de végétation qu'elle ait pu offrir autrefois, il est certain qu'elle ne produit aujourd'hui que fort peu de Thé. D'après tous les renseignements que j'ai pris, le peu d'arbres à Thé qui y croissent ne sont l'objet d'aucune culture, et fournissent seulement ce qui est nécessaire à la consommation des prêtres de Fo, qui ont un certain nombre de temples dans ces sites sauvages.

Tel qu'il est, cependant, ce lieu est toujours vénéré des Chinois, et a occupé beaucoup d'écrivains de ce pays.

Les parties basses, les plaines de ce district et des environs de Moo-Yuen, ville située à quelques milles plus au sud, fournissent la plus grande partie des beaux Thés verts du commerce. De là est venue la distinction qui est faite entre les Thés de montagne et les Thés de jardin (garden-tea), cette dernière désignation ne s'appliquant qu'aux arbres à Thé qui viennent dans les plaines proprement dites et qui sont l'objet d'une culture soignée. Ici le terrain est un riche loam, ressemblant assez au sol où se cultive le coton, près de Shanghaï, mais un peu moins compacte, étant mélangé de sable dans une assez forte proportion.

Lorsqu'on examine avec quelque attention ces plaines où

se récolte le *garden-tea*, on ne peut manquer de reconnaître que leur niveau, le niveau général de cette région, loin d'être bas, est encore à une élévation assez considérable au-dessus de celui de la mer, beaucoup plus élevé, par exemple, que la plaine de Shanghaï. De Hang-Chow-Foo à Hwuy-Chow-Foo la distance est de 150 à 200 milles, et, si on songe à la rapidité du courant des rivières qui descendent de ce dernier pays vers la mer, on ne peut douter que les plaines de Sung-Lo et de Hwuy-Chow-Foo ne soient beaucoup plus hautes que celles de Hang-Chow ou de Shanghaï, qui ne sont qu'à quelques pieds au-dessus du niveau de la mer.

Les roches de cette contrée sont une formation d'ardoise silurienne (*silurian slate*) comme celle que l'on trouve en Angleterre, surmontée d'une couche de sable calcaire rouge, semblable au sable rouge d'Europe de formation nouvelle. Cette roche sablonneuse a pour effet, à mesure qu'elle se délite, de donner à ces coteaux une teinte rougeâtre. Je n'y ai, du reste, trouvé aucun débris fossile.

La flore de ces contrées a un caractère complétement septentrional, c'est-à-dire qu'on y trouve les genres communs en Angleterre et dans les parties du nord de l'Inde, tandis que les plantes tropicales y sont tout à fait inconnues. Le seul végétal que j'y aie trouvé se rapprochant de ceux des tropiques est une espèce de Palmier que j'ai décrite (1), et qui est des plus rustiques. On y voit en assez grande abondance la variété de Houx existant en Angleterre. On y trouve aussi plusieurs espèces de Chêne, de Pin; le Genièvre y est très-commun. Les graminées, les fougères, et plusieurs autres plantes herbacées ou arbrisseaux du nord, y sont représentés par plusieurs espèces appartenant aux mêmes genres.

Si nous ne tirions nos déductions que de la flore du pays, nous devrions en conclure que l'arbre à Thé pourrait se cultiver avec succès dans quelques parties de la Grande-Bre-

---

(1) Un chapitre spécial est consacré, plus loin, aux végétaux reconnus et observés par M. R. Fortune.　　　　　　(*Note du traducteur.*)

tagne ; mais cette conclusion serait très-peu exacte : il convient de prendre en considération le climat aussi bien que le
sol et ses productions naturelles, afin d'envisager la question
sous toutes ses faces.

Shanghaï est le lieu le plus voisin des districts à Thé vert,
dans lequel on ait fait des observations de climatologie dignes de quelque confiance.

Le tableau suivant, dressé dans cette ville (31° 20' latitude nord), d'après les observations quotidiennes relevées à
l'aide des meilleurs thermomètres minimum et maximum de
Newmann, nous offrira des données positives en ce qui concerne l'état de la température de cette contrée (1).

1844-45.	THERMOMÈTRE.			
	Maximum en moyenne.	Minimum en moyenne.	Degré le plus haut du mois.	Degré le plus bas du mois.
Juillet.	90	77	100	71
Août.	89	77	94	74
Septembre..........	79	67	91	63
Octobre.............	74	55	85	32
Novembre..........	64	52	73	40
Décembre.	47	37	64	26
Janvier.	45	36	62	24
Février.............	45	37	62	30
Mars................	54	42	80	32
Avril................	64	51	75	41
Mai.................	71	59	87	49
Juin................	76	68	90	58

Il convient d'ajouter à ces observations que l'hiver de 1844-45
a été d'une douceur inaccoutumée. Je ne doute pas que dans
les hivers ordinaires, formant l'état normal, le thermomètre
ne descende parfois à 10° ou 12° Fahrenheit.

---

(1) Voir, à la fin de l'ouvrage, la correspondance de ce thermomètre et
de celui de Fahrenheit avec le thermomètre centigrade.

(*Note du traducteur.*)

Les mois d'hiver ressemblent assez à ceux que nous avons en Angleterre. Tantôt des pluies abondantes se succèdent sans interruption ; d'autres fois surviennent de fortes gelées ; les rivières et les lacs sont glacés, et la terre est couverte de neige. Le printemps vient de très-bonne heure, et cette saison est charmante dans ces contrées. En avril et mai, époque où la mousson change du nord-est au sud-ouest, la température devient généralement humide, et cette époque se nomme la *saison des pluies*. En juin, juillet et août, la chaleur est souvent excessive. Le ciel est constamment pur ; il pleut très-rarement, mais les rosées abondantes qui surviennent assez fréquemment pendant la nuit rafraîchissent et soutiennent la végétation. Les mois d'automne sont d'une fraîcheur tempérée et très-agréables ; vers la fin d'octobre surviennent assez souvent quelques gelées peu intenses.

Quand on pense que Shanghaï est à 9 degrés plus au sud que Naples, on ne peut manquer de trouver excessifs ces maxima de chaleur et surtout de froid ; mais, pour se mieux rendre compte de ces circonstances, il faut se rappeler les observations faites, il y a un certain nombre d'années, par le savant Humboldt. « L'Europe, dit-il quelque part, peut être « considérée comme la région ouest d'un immense conti- « nent, et conséquemment exposée à toutes les influences « qui font que les parties occidentales des continents sont « plus chaudes que les parties orientales, et en même temps « moins sujettes aux extrêmes, particulièrement à ceux du « froid. »

Shanghaï est située dans la région orientale du continent asiatique, et, par suite, plus sujette à de grandes inégalités de température, excès de chaleur dans l'été, excès de froid dans l'hiver, inconnues dans d'autres contrées situées sous les mêmes latitudes ; mais son voisinage de la mer fait cependant que ces extrêmes sont moins marqués que dans le district à Thé vert de Hwuy-Chow. J'ai l'intime conviction que pendant la saison chaude le thermomètre s'élève de quelques degrés de plus dans la ville de Hwuy-Chow-Foo que dans celle de Shanghaï ou de Ning-Po, et descend aussi de plusieurs degrés plus bas dans l'hiver. Je ne crois pas m'éloigner en évaluant cette différence à 8 ou 10 degrés dans l'un et l'autre sens, et cette évaluation suffit pour les conséquences à en tirer dans le sujet que je traite.

Dans le district de Hwuy-Chow, comme aussi je le suppose dans toutes les autres contrées où l'arbre à Thé est cultivé, on le multiplie par semis. Les graines atteignent leur maturité dans le courant d'octobre.

J'ai déjà eu occasion de parler de la préférence que beaucoup de personnes en Europe et en Amérique accordent aux Thés verts un peu foncés en couleur. Je vais maintenant donner une description précise et complète des procédés employés à Hwuy-Chow (contrée à Thé vert) pour la coloration de ces Thés, destinés exclusivement aux marchés étrangers. Ayant noté exactement dans le temps les détails de l'opération, je ne fais que les extraire mot pour mot de mon journal de voyage :

« Le chef des travailleurs procédait lui-même à la coloration du Thé. S'étant procuré une certaine quantité de bleu de Prusse, il le jeta dans un vase de porcelaine ressemblant assez au mortier de nos chimistes, l'écrasa et le réduisit en poussière fine; ensuite on fit cuire des fragments de gypse ou pierre à plâtre dans le feu de charbon de bois qui servait pour le chauffage du Thé (1), afin de pouvoir l'écraser et le réduire en poudre aussi fine que le bleu de Prusse; ce qui fut fait aussitôt qu'on l'eût retiré du feu. Les deux substances ainsi pulvérisées furent mélangées dans la proportion de quatre parties de gypse contre trois parties de bleu de Prusse, et il en résulta une poudre légèrement colorée en bleu et toute prête à être employée.

---

(1) Voir chapitre 1er, page 9, *Préparation du Thé.*

Cette matière colorante fut appliquée au Thé pendant la dernière période du chauffage. Environ cinq minutes avant de sortir les feuilles de Thé des bassines, l'opérateur prit une cuiller de porcelaine et jeta une cuillerée du mélange dans chaque bassine. Les autres ouvriers se mirent alors à agiter et à retourner très-vivement les feuilles avec les deux mains pour distribuer bien également la coloration.

« Bientôt leurs mains devinrent toutes bleues, et je pensais en moi-même que si quelques-uns de mes compatriotes buveurs de Thé avaient pu assister à cette manipulation, leur goût, à l'endroit des Thés colorés, se serait, sans aucun doute, modifié, et je crois pouvoir dire, amélioré. Il est incroyable, je le répète, que des hommes civilisés préfèrent des Thés véritablement *teints* à des Thés dans leur état naturel, et je comprends véritablement, pour ce cas spécial, que les Chinois traitent les Européens de *barbares*. »

Un jour, à Shanghaï, un Anglais, s'entretenant avec quelques Chinois des contrées à Thé vert, leur demanda quel motif ils avaient pour teindre ainsi leur Thé, et s'ils ne pensaient pas qu'il serait meilleur en le laissant dans son état naturel. Ils lui répondirent que, sans doute, cette teinture, loin de le bonifier, le gâtait, et qu'en Chine on ne se servait jamais de Thés ainsi *colorés*. « Mais, ajoutèrent-ils, puisque les étrangers préfèrent une addition de plâtre et de bleu de Prusse qui donne à ce produit une plus belle apparence, nous ne voyons aucune difficulté à leur en fournir, d'autant plus que, d'une part, ces ingrédients sont fort bon marché, et que, de l'autre, les Thés ainsi traités se vendent plus cher. »

J'ai dû me donner assez de peine pour arriver à déterminer exactement les proportions de matière colorante employées par les Chinois pour la teinture des Thés, non certainement dans la vue de propager cette méthode chez nous ou ailleurs, mais j'étais curieux de pouvoir indiquer d'une manière précise aux buveurs de Thé de l'Angleterre ou des États-Unis quelle quantité de plâtre et de bleu de Prusse ils

ingurgitent, par exemple, dans le cours d'une année. Ju
pu m'assurer qu'on met 8 *mace* 2 *canadarins* 1/2, poids qui
représente à peu près une once de matière colorante pour
14 livres 1/2 de Thé, soit environ une demi-livre de ce dé-
testable mélange pour 100 livres de Thé.

Ces préparateurs de Thé emploient deux espèces de bleu
de Prusse; le bleu de Prusse ordinaire que tout le monde
connaît, et une autre sorte que je n'ai jamais vue que dans
le nord de la Chine, et que j'avais d'abord prise, par erreur,
pour une espèce d'indigo. Ce dernier est moins pesant que le
premier, d'une teinte bleu clair pâle, très-agréable à l'œil. On
emploie fréquemment aussi à Canton la racine de Curcuma;
mais je n'ai jamais vu qu'on en fît usage à Hwuy-Chow.

Je me procurai des échantillons de ces ingrédients près
des ouvriers mêmes chargés de la préparation du Thé, afin de
pouvoir constater, sans équivoque possible, quelles étaient
les substances employées. Ils ont été envoyés à l'exposition universelle de Londres, et une partie a été soumise
à l'examen de M. Warrington, du collége de pharmacie, dont
j'ai rapporté plus haut les intéressantes expériences.

Dans un mémoire qu'il a lu sur ce sujet à la Société de
chimie et qui est inséré dans les *Transactions* de cette compagnie, il dit :

« M. Fortune a envoyé du nord de la Chine, pour l'exposition universelle, des échantillons de ces matériaux servant
à la teinture du Thé, et qui, d'après leur apparence, sont certainement du plâtre calciné, de la racine de Curcuma et du
bleu de Prusse. Ce dernier offre une couleur bleu clair pâle,
provenant, sans aucun doute, d'une addition d'alumine ou
de terre à porcelaine, addition constatée d'ailleurs par l'alumine et la silice que j'y ai trouvées, ainsi que je l'ai dit dans
une note précédente, et dont j'attribuai alors la présence à
l'emploi du kaolin ou de l'agalmatolite. »

———————

CHAPITRE IV.

Plantations et culture du Thé dans le district de Woo-e-Shan. — Observations météorologiques. — Climat. — Composition du sol.

Il est reconnu que rien n'est plus propre à faire apprécier exactement le climat d'une localité donnée que la nomenclature des végétaux qu'elle produit spontanément. Cette indication, à défaut d'observations thermométriques, est souvent d'une grande valeur. Aussi n'ai-je pas manqué d'inscrire, avec le plus grand soin, sur mon journal toutes les plantes cultivées ou sauvages que j'ai pu observer dans la grande contrée à Thé noir qui constitue le territoire de Woo-e-Shan.

En consultant mes notes, j'y trouve les espèces végétales suivantes : le Camphrier (*Laurus camphora*), plusieurs variétés de Bambou, le Pin de Chine (*Pinus sinensis*), *Cunninghamia lanceolata*, l'Arbre à suif, *Vitex trifoliata, Buddleia Lindleyana, Abelia uniflora*, un *Spiræa* ressemblant beaucoup au *Spiræa bella, Hamamelis sinensis, Eurya sinensis*, la Rose Macartney et d'autres Roses sauvages, des Framboisiers, des *Eugenias*, des *Quavas* et autres plantes de la famille des Myrtes d'une espèce en approchant, le *Gardenia florida* et le *G. radicans*, plusieurs espèces de Violette, de Lycopode et des Fougères. Je n'ai pas besoin d'ajouter qu'on y trouve encore d'autres espèces ; mais j'en ai nommé assez pour donner une idée de la magnifique végétation de ces montagnes, si dignes de l'attention du botaniste.

Je dirai aussi quelques mots de la composition géologique de cette région, m'appuyant sur cette donnée très-probable, que le degré de prospérité auquel est parvenue la culture du Thé dans cette partie de la Chine doit être surtout attribué à la nature des roches qui concourent à la formation du sol.

Ces roches consistent en une strate d'argile dans laquelle se trouvent enchâssées, sous la forme de lits ou de dykes, de grandes masses de quartz traversées, dans toutes les directions, par des bandes de granit d'un bleu noirâtre très-foncé. Cette espèce de granit forme généralement le sommet des principales montagnes de cette contrée.

Sur cette couche d'argile repose un conglomérat de grès, composé principalement de fragments anguleux de quartz, liés ensemble par une base calcaire alternant, parfois, avec un sable grenu très-fin dans lequel se montrent des lits de pierre à chaux dolomitique.

Le sol des fermes à Thé, dans le territoire de Woo-e-Shan, paraît, d'ailleurs, offrir de grandes variations. La terre la plus commune est une terre argileuse très-adhérente, d'un jaune brun. Lorsqu'on l'examine avec soin, on y trouve une assez forte proportion de matière végétale mélangée avec des détritus des roches ci-dessus nommées.

Dans les jardins et dans les plaines, au pied des montagnes, le terrain est plus foncé en couleur et contient une plus forte proportion de matière végétale ; mais, le plus ordinairement, il est d'un jaune brun ou d'un jaune rougeâtre. Les Chinois préfèrent généralement, au point de vue de la culture, un terrain d'une richesse moyenne, pourvu que, d'ailleurs, les autres circonstances soient favorables.

Il y a, dans le Woo-e-Shan, des parties tout à fait stériles qui ne donnent que du Thé très-inférieur, tandis que, dans la même chaîne, une colline nommée Pa-Ta-Shan, près de Tong-Gan-Hien, produit la meilleure qualité. Le sol, sur le versant de cette colline, est d'une fertilité moyenne ; il contient une forte proportion de matière végétale mêlée d'argile, de sable et de débris de roches.

La presque totalité du Thé récolté dans ce pays provient de plantations existant sur les pentes de ces montagnes. J'en ai vu aussi, dans des jardins ou sur des terrains en plaine, qui offraient une végétation vigoureuse, plus forte même que celle des coteaux ; mais il faut dire que ces terrains de plaine se trouvaient encore fort au-dessus du niveau de la rivière et ne retenaient pas l'eau.

En résumé, je dirai que les plantations que j'ai été à même

d'observer dans toute la région environnant Woo-e-Shan croissaient et prospéraient dans les conditions suivantes :

1° Le terrain était d'une richesse modérée, de couleur rougeâtre, mélangé de débris des roches énumérées plus haut.

2° Il était tenu dans l'état de fraîcheur convenable par la composition même de ces roches et par l'eau qui coulait doucement sur les pentes des montagnes.

3° Le sol se trouvait naturellement drainé; celui des coteaux par suite de sa disposition en plan incliné, celui des plaines par son élévation au-dessus du niveau des cours d'eau.

Ces circonstances me paraissent essentielles pour la réussite des plantations de Thé.

Température. Quant à la température du pays que je décris en ce moment, je déduis mes conclusions des observations faites, d'une part à Foo-Chow-Foo, et de l'autre à Shanghaï. A Foo-Chow-Foo (25° 30′ latitude nord), dans le mois de juin et le commencement de juillet, le thermomètre marque 85 à 95° Fahr.; vers le milieu de ce dernier mois il s'élève à 100°, mais je ne crois pas qu'il dépasse jamais cette limite. Dans l'hiver de 1844-45, pendant les mois de novembre, décembre et janvier, le maximum fut de 78°, et le minimum de 44°. On voit quelquefois de la neige sur le sommet des montagnes, mais elle n'y reste jamais bien longtemps.

Shanghaï est à 31° 20′ de latitude nord. Les variations de la température sont bien plus sensibles ici qu'à Foo-Chow-Foo. Dans les mois de juin, juillet et août, le thermomètre marque souvent 105° Fahr. Il n'y a donc pas une grande différence avec Foo-Chow-Foo sous le rapport des grandes chaleurs ; mais, pour l'hiver, la différence est bien plus considérable. Dès la fin d'octobre, le thermomètre descend fréquemment à la glace. Alors le froid détruit tout ce qui reste encore de coton à récolter, et les végétaux semi-tropicaux (*half tropical*) qui se cultivent en plein champ. Décembre, janvier et février ressemblent à ce que sont les mêmes mois dans le sud de l'Angleterre ; le thermomètre y descend assez habituellement à 12° Fahr., et la neige couvre la terre.

A l'aide de ces données, il ne nous sera pas difficile d'arriver à une appréciation exacte de la température des districts à Thé noir du Fo-Kien. Tsong-Gon-Hien, la ville principale du district de Woo-e-Shan, est à 27° 47′ 38″ de latitude nord. D'après sa situation entre Foo-Chow-Foo et Shanghaï, mais un peu plus vers l'ouest, nous sommes sûrs de ne pas nous éloigner de la vérité en admettant que les changements de température y sont plus considérables qu'à Foo-Chow-Foo, mais beaucoup moindres qu'à Shanghaï. J'ai la certitude que, prenant les mois d'été et d'hiver comme je viens de le faire, nous trouverons qu'en juin, juillet et août le thermomètre s'élève souvent, à Woo-e-Shan, à 100° Fahr., tandis qu'en novembre, décembre et janvier il peut descendre jusqu'à la glace ou même jusqu'à 28°.

Pluies. Parmi toutes les circonstances qui se rattachent à la culture du Thé, il en est une qui mérite d'être prise en sérieuse considération, c'est l'époque des pluies d'été. Toutes les personnes un peu au courant des principes de la physiologie végétale savent que l'habitude où sont les Chinois de cueillir les feuilles avant leur entier développement ne peut manquer d'être très-préjudiciable à l'arbuste; mais il se trouve que l'époque où cette opération a lieu est précisément celle où la mousson change du nord-est au sud-ouest, et où, conséquemment, l'atmosphère est saturée d'humidité par les fortes et fréquentes ondées que ce changement amène.

Les bourgeons se développent alors avec une nouvelle vigueur, et les branches ne tardent pas à se regarnir de feuilles. Après avoir examiné la question avec tout le soin possible, je reste convaincu que, malgré les bonnes conditions de température, malgré l'état de fertilité du sol et l'exposition favorable des plantations, sans ces pluies qui surviennent vers le printemps et le commencement de l'été, la culture du Thé offrirait peu de chances de succès. Tant il est vrai qu'il y a bien des choses à considérer quand il s'agit de déterminer pourquoi un végétal quelconque réussit dans tel lieu et ne peut réussir dans tel autre.

Culture du Thé. — Dans les districts à Thé noir comme dans ceux à Thé vert, on élève de semis, chaque année, une grande quantité de jeunes plants. Les graines, comme je l'ai dit déjà, sont mûres dans le mois d'octobre. Lorsqu'elles sont récoltées, on les met dans des paniers, avec un mélange de terre et de sable un peu humide, et on les garde ainsi jusqu'au printemps. Si on ne prend pas cette précaution, on est assuré qu'une grande partie ne germera pas. Ces graines sont sujettes à se gâter, si on les soumet à de brusques transitions de température, de siccité ou d'humidité.

Au mois de mars, les semences de Thé sont déposées dans le sol. Quelquefois on les sème tout de suite dans le lieu même où elles doivent rester; mais cette pratique est exceptionnelle. On procède généralement par semis épais, en pépinière, dans un carré de la ferme disposé à cet effet; quelquefois même on utilise les vides qui se trouvent dans la plantation, en semant cinq ou six graines à chaque place où manque un arbre à Thé. Les semis de pépinière se font en rangées ou en planches.

A un an les jeunes plants ont atteint environ 26 ou 30 centimètres. Ils sont bons alors à transplanter. On plante les jeunes pieds de Thé en lignes distantes de 1 mètre 20 centimètres les unes des autres, par groupes de cinq ou six sujets, en laissant environ 1 mètre 20 centimètres également de distance entre chaque touffe. Quelquefois, lorsque le sol est pauvre, ce qui a lieu dans certaines parties du Woo-e-Shan, on place les jeunes plants en lignes, serrés les uns contre les autres, ce qui forme une véritable haie, lorsqu'ils ont atteint toute leur croissance.

Cette transplantation s'exécute toujours en mars ou avril, lors du changement de la mousson du printemps; les fréquentes et tièdes ondées de cette saison fournissent aux jeunes plants une irrigation salutaire. Ils peuvent croître alors et se fortifier sans qu'on ait à prendre d'autre soin que de tenir le terrain constamment net de mauvaises herbes.

Ce n'est qu'à la troisième année de plantation que commence la cueillette des feuilles. L'arbre ou plutôt l'arbuste à Thé, dans l'état de culture, n'atteint guère plus de 1 mètre 20 centimètres de hauteur.

Lorsque l'hiver est rude, les cultivateurs entourent de paille les jeunes touffes, pour les préserver de la gelée et de la neige qui fendent les tiges encore tendres.

Une plantation de Thé, vue à une certaine distance, a tout à fait l'apparence d'un jeune bois d'arbres verts. Le voyageur qui parcourt les montagnes de Woo-e-Shan marche sans cesse au milieu de ces verdoyantes plantations, qui recouvrent les pentes de tous les coteaux. Les feuilles offrent à l'œil une teinte d'un vert foncé qui contraste agréablement avec l'aspect assez nu et stérile que présente le reste du paysage.

Les habitants savent très-bien le tort que cause aux arbres la cueillette prématurée et successive des feuilles ; aussi ont-ils soin de placer autant que possible les arbres à Thé dans les conditions d'une forte végétation avant de commencer la récolte. D'abord on se garde bien de cueillir les feuilles jusqu'à ce qu'ils aient l'âge de trois ans, ou au moins jusqu'à ce qu'ils soient bien enracinés, et qu'ils aient poussé de vigoureux bourgeons. On regarderait comme une pratique très-vicieuse d'enlever des feuilles avant qu'il en soit ainsi. J'ai même remarqué que, dans les plantations tout à fait en âge et en bon état, les ouvriers ne touchaient pas aux arbustes les plus faibles, et passaient outre, afin de ne pas nuire à leur développement.

Mais en dépit de la culture la plus intelligente, quelque fertile que soit le terrain, il vient un moment où la plante perd de sa vigueur et dépérit ; arrivée à un certain âge, il n'y a plus rien à en attendre ; aussi les bons cultivateurs sont-ils dans l'habitude de renouveler, chaque année, une partie de la plantation. Le terme à assigner à la durée des arbres à Thé ne peut pas être indiqué d'une manière précise, il dépend évidemment de plusieurs circonstances locales ; mais dans les conditions les plus favorables, cette durée n'excède guère dix à douze ans. Aussi très-souvent on les arrache lorsqu'ils approchent de cet âge; on bêche le terrain qu'ils occupaient, et on les remplace par de jeunes sujets.

CHAPITRE V.

Vente et classement du Thé aux lieux de production. — Mode de transport et itinéraires des Thés. — Observations sur le prix du Thé.

Les fermes à Thé des environs de Tsong-Gan, de Tsin-Tsun et de Woo-e-Shan, sont, en général, d'une étendue peu considérable. Aucune de celles que j'ai eu occasion de voir n'aurait pu produire à elle seule un *chop* (ou lot) de six cents caisses. Ce que l'on appelle *chop* n'est point fait par les cultivateurs ou les petits fermiers. Voici comment on y procède : un marchand de Thé de Tsong-Gan ou de Tsin-Tsun se rend en personne ou envoie un de ses agents dans les petites villes, dans les villages ou aux abords des temples, pour acheter le Thé, soit aux prêtres qui le cultivent, soit aux fermiers. Lorsque tous les achats réalisés de cette manière sont réunis chez lui, on les mêle, en ayant soin, toutefois, de les classer, autant que possible, par qualités. On fait ainsi des lots de six cent vingt à six cent trente caisses, et ces lots, toujours composés d'une seule et même qualité, se nomment *chop*. L'acheteur doit encore les passer de nouveau au feu et les préparer pour le marché étranger.

Quand les caisses sont réunies en un seul lot, on met un nom sur chaque chop. Chaque année, les mêmes chops, c'est-à-dire des chops portant les mêmes noms, passent par les mains du même marchand, et l'on doit comprendre qu'il y a des noms qui répondent à des qualités supérieures et qui commandent naturellement des prix plus élevés. Il ne s'ensuit pas cependant que le chop de cette année, vendu par le même marchand et portant le même nom, soit nécessairement aussi bon que celui de l'année précédente. M. Shaw m'a dit que certains marchands avaient soin de ne mettre aucun nom sur leurs chops, afin que l'acheteur arrivé au point d'embarquement pût leur donner celui des chops les plus recherchés. Dans tous les cas, on s'abstient d'y mettre les noms des qualités peu estimées.

Transport des Thés du pays à Thé noir à Canton et à Shanghaï. — J'ai surtout en vue, en donnant les informations qui vont suivre, d'établir, aussi approximativement que possible, les frais et charges qu'a dû supporter chaque caisse de Thé avant d'arriver au lieu d'embarquement. Si, comme je l'espère, mes indications sont exactes, on pourra se convaincre des bénéfices énormes que réalisent les Chinois dans le commerce du Thé. On verra s'il ne serait pas possible de les amener à baisser leurs prix, et de mettre ainsi ce précieux produit plus à la portée de toutes les classes de la population.

J'essayerai d'abord de décrire la route que les Thés ont à parcourir du lieu de production aux ports d'exportation, Canton et Shanghaï.

Presque tous les Thés provenant de la belle contrée à Thé de Woo-e-Shan sont portés à Tsong-Gan-Hien par les marchands qui les achètent aux petits fermiers. De là ils sont arrangés en chops, et vendus aux négociants qui les revendent eux-mêmes aux commerçants étrangers, lesquels ont, pour la plupart, leur résidence habituelle à Canton. Lorsqu'un chop a été vendu par un des marchands dont je viens de parler à un autre acquéreur en rapport avec les agents du commerce étranger, ce dernier se met en quête d'un certain nombre de coolies (journaliers) qu'il loue pour transporter le Thé, dans la direction du Nord, à travers les montagnes de Bohea, à Hokow, ou plutôt jusqu'à la petite ville de Yuen-Shan, d'où on le porte, par le bateau, jusqu'à Hokow, qui n'en est éloignée que de quelques milles.

C'est ici le lieu de donner la description du mode ou plutôt des deux modes adoptés pour ce transport, et que les dessins ci-après feront mieux comprendre. Le procédé varie suivant la valeur de la marchandise.

Les caisses de Thé de qualité supérieure ne doivent éprouver aucun choc ni toucher le sol pendant tout le voyage, de manière à arriver à leur destination dans le meilleur état de conservation possible. A cet effet, chaque coolie n'en porte qu'une seule, et le transport s'effectue de la manière suivante :

Deux bâtons de Bambou, ayant chacun environ 2 mètres quelques centimètres de longueur, sont fortement assujettis, par leur extrémité en A et B, aux deux côtés de la caisse; les deux autres bouts sont réunis et liés, en C, de manière à former un triangle très-allongé. Une petite tringle ou planchette D, fixée à l'un des coins de la caisse, sert à la maintenir sur les épaules, et l'homme, la tête et le haut du corps passés entre les deux Bambous, porte ainsi sa charge assez facilement. Lorsqu'il a besoin de se reposer, il pose à

terre l'extrémité C des Bambous, et les place perpendiculai-
rement. Tout le poids de la caisse est soutenu alors par les
deux bâtons, sans aucune fatigue pour le porteur. Ce moyen
de transport est très-bien imaginé pour le pays que les coolies
ont à parcourir, car, dans ces passages des montagnes, ils
sont souvent obligés de se reposer, et, s'ils devaient placer
à terre leur caisse, elle éprouverait de fréquentes secousses, et
le Thé pourrait en souffrir, ce que les Chinois tiennent beaucoup à éviter.

Lorsque le coolie s'arrête à une auberge pour loger ou
dans un tea-shop (1) pour boire du Thé, il pose sa charge
debout, appuyée contre la muraille, en y apportant toute la
précaution possible.

Pour les Thés de qualité inférieure, on y met un peu moins
de façon : chaque coolie, avec un bâton de Bambou placé sur
ses épaules, porte deux caisses suspendues, à chaque extrémité, en E et F. Chaque fois qu'il s'arrête, soit sur la route,

soit dans une auberge, il dépose ses deux caisses à terre ; il

(1) Maison à Thé, quelque chose comme nos cafés.

en résulte qu'elles éprouvent nécessairement quelques avaries, ou au moins qu'elles n'arrivent pas, à beaucoup près,
en aussi bon état que celles qui contiennent les Thés de première classe.

La distance de Tsong-Gan-Hien à Yuen-Shan est de
220 *le* **(1)** (environ **100** à **110** kilomèt.); à Hokow, de **280** *le*
(**130** ou **140** kilomèt.). Un marchand , dans sa litière, peut
faire cette route en trois ou quatre jours; mais les coolies
chargés de leurs boîtes de Thé en mettent au moins cinq ou
six.

Dans tout le territoire environnant Yuen-Shan et Hokow,
c'est-à-dire sur le versant nord de la plus grande chaîne de
montagnes de l'Empire chinois, on cultive une grande quantité de Thé qui est préparé à peu près exclusivement pour le
marché étranger. Je pus voir des milliers d'acres plantés en
arbres à Thé, mais ces plantations paraissaient de création
assez récente.

Les Thés qu'on prépare dans cette région, aussi bien que
ceux que l'on fabrique sur le versant méridional des collines
de Bohea , sont transportés à Hokow, pour, de là, être dirigés sur un des ports d'exportation. Ceux qui sont confection-
nés dans le pays plus à l'ouest, près du lac de Poyang, et qui
sont désignés sous le nom de Thés de Moning ou de Ning-
Chou, remontent aussi la rivière et passent à Hokow pour
se rendre à Shanghaï.

Hokow ou Hohow, comme l'appellent généralement les
habitants de Canton , est située à 29° 54′ de latitude nord
et 116° 18′ de longitude est. Elle est construite sur le bord
de la rivière nommée *Kin-Keang* (2) , qui prend sa source
dans les petites montagnes de Yuk-Shan, et, coulant vers
l'ouest , va se jeter dans le lac de Poyang.

---

(1) *Le* , mesure chinoise de longueur , répondant à 577^m,980.

(*Note du traducteur.*)

(2) **Tel est, du moins, le** nom qu'elle porte près de son embouchure. Plus
haut elle est indiquée sur les cartes sous la dénomination de Long-Shia-
Tong-Ho.

Hokow est une grande et riche cité, renfermant un grand nombre de magasins de Thé, fréquentés par de nombreux marchands qui s'y rendent de tous les points de la Chine. Plusieurs de ces marchands y font leurs achats, tandis que d'autres, franchissant la chaîne des coteaux de Bohea, se rendent à Tsong-Gan-Hien. Si jamais le Céleste Empire est complétement ouvert aux étrangers, et que nos négociants puissent venir s'approvisionner dans l'intérieur même du pays, il est probable qu'ils choisiront cette ville comme un des principaux centres de leur commerce. En effet, de là, il leur sera facile de rayonner vers Woo-e-Shan et Ning-Chow ou vers la grande contrée à Thé vert de Mo-Yuen, dans la province de Hwuy-Chow.

Les Thés, une fois rendus à Hokow, sont chargés dans de grands bateaux plats qui les transportent soit à Canton, soit à Shanghaï. Ceux à destination pour la première de ces villes descendent la rivière, vers l'ouest, dans la direction du lac Poyang. Ball nous apprend qu'ils sont d'abord transportés à Nan-Chang-Foo et à Kan-Chen-Foo, et qu'ils sont transbordés à plusieurs reprises jusqu'au lieu dit *le Pas* ou *passage de Ta-Moey-Ling* dans la chaîne montagneuse qui sépare le Kiang-Sée du Quan-Tung. Là on les confie à des porteurs, et après un trajet de 15 ou 18 kilomètres ils sont chargés de nouveau sur de grands navires qui les amènent à Canton.

La totalité du temps employé à ce transport, de Bohea à Canton, est d'environ six à sept semaines.

Ceux qui sont destinés pour le marché de Shanghaï remontent, au contraire, la rivière vers l'est, se rendant à Yuk-Shan, située à 28° 45′ de latitude nord et à 118° 28′ de longitude est. Le courant contre lequel les bateaux ont à lutter est très-rapide, et il leur faut au moins quatre jours pour franchir les 90 kilomètres qui la séparent de Hokow, tandis qu'en descendant la rivière la même distance est parcourue en un jour.

Arrivés à Yuk-Shan, les Thés sont débarqués et entreposés dans les magasins. Des engagements sont passés avec les coolies qui les transportent, toujours se dirigeant à l'est, jusqu'à Chang-Shan, de la manière que j'ai déjà décrite.

Yuk-Shan, comme je viens de le dire, est placée à la source d'une rivière qui coule à l'ouest vers le lac de Poyang, tandis que Chang-Shan est sur un fleuve assez considérable qui va se jeter à l'est dans la baie de Hang-Chow. La distance entre ces deux villes est de 45 à 50 kilomètres; les coolies, chargés de leurs caisses de Thé, la franchissent en deux ou trois jours.

Lorsque les Thés sont arrivés à Chang-Shan, ils sont embarqués et descendent la rivière. La distance entre cette ville et Hang-Chow est de 400 kilomètres, et les bateaux constamment favorisés par le courant accomplissent aisément le voyage en cinq ou six jours.

A Hang-Chow, on transborde les caisses sur d'autres barques consacrées plus spécialement au service des canaux et qui les apportent à Shanghaï. Cette ville est éloignée de Hang-Chow de 250 kilomètres, et le trajet s'effectue en cinq jours.

Tel est l'itinéraire, aussi exact que possible, des Thés apportés à Shanghaï pour le marché extérieur. D'après les détails qui précèdent, et en ajoutant, aux vingt-quatre jours de marche par eau ou par terre, quatre ou six jours environ pour les retards occasionnés par les différents chargements et transbordements, on voit que le transport des Thés de Woo-e-Shan, lieu de production, à Shanghaï, point d'exportation, qui est éloigné de 900 à 1,000 kilomètres, exige en tout, en moyenne, vingt-huit à trente jours.

Je désirerais pouvoir rendre également compte du prix de revient de ces Thés; malheureusement, à cet égard, je ne puis pas m'exprimer avec le même degré de certitude.

Ayant remonté et descendu le cours des fleuves et rivières de la Chine et parcouru ses provinces dans les différentes directions, j'ai pu prendre par moi-même des notes exactes sur beaucoup de points sans avoir recours aux gens du pays, et je m'en félicite, car, je l'ai déjà dit, il y a bien peu de fonds à faire sur les renseignements qu'ils donnent aux étrangers.

Quant aux frais de culture, de préparation, de transport, et surtout en ce qui concerne la vente, il ne m'a pas été aussi facile de recueillir des observations sûres. Toutefois je dois dire que je suis redevable de quelques données utiles à l'obligeance de M. Schaw, de Shanghaï, qui, à son expérience comme négociant, joint l'avantage de connaître la langue chinoise, ce qui l'a mis à même d'obtenir des informations que l'on peut considérer comme assez exactes.

Il en résulte que le prix de revient des Thés de qualité ordinaire rendus à Shanghaï n'est guère, tout compris, que de 90 centimes à 1 franc : or les qualités ordinaires se vendent environ 1 fr. 50 c. le kilog.; les Thés supérieurs sont vendus de 2 fr. à 2 fr. 50 c. et 3 fr. Les diverses dépenses qui constituent le prix de revient n'étant pas plus fortes (sauf le prix d'achat sur le lieu de production) pour les Thés de première qualité que pour les Thés inférieurs, on conçoit que, sur les premiers surtout, les marchands chinois doivent réaliser des profits assez élevés.

Au surplus, je dois dire que, pendant le temps de mon séjour en Chine, et je pense qu'il en doit être de même encore aujourd'hui, le commerce du Thé à Shanghaï se faisait principalement par voie d'échange, et était dans les mains d'un certain nombre de brocanteurs de cette ville ou de Canton.

Dans un tel état de choses, il était assez difficile, pour ceux qui ne sont pas initiés dans les secrets de ce négoce, de savoir à quel taux les diverses sortes de Thé étaient réellement vendues au point de production. Il y a toute apparence que les intéressés le portaient à un chiffre au-dessus de la réalité. Quoi qu'il en soit, il est certain qu'en **1848**, par exemple, lorsque les Thés de bonne qualité se vendaient de 14 à 22 taels le picul, c'est-à-dire de **105** à **165** fr. les 60 kilog. 1/2 (1), les négociants chinois se plaignaient de la modi-

---

(1) Le *tael* vaut 7 fr. 50 c. de notre monnaie ; le *picul* répond à 60 kilog. 500 grammes.   (*Note du traducteur*.)

cité de ce chiffre, qui, disaient-ils, était désastreux pour eux. Cependant, en fixant la moyenne à **18** taels le picul, soit environ **2** fr. **10** c. le kilogr., et en tenant compte du prix d'achat plus élevé au lieu de production que pour les Thés communs, on doit supposer encore un bénéfice net d'au moins **70** ou **80** centimes par kilog., ce qui, sur l'ensemble du commerce du Thé, forme une somme énorme (1).

(1) Ce fut en 1664 qu'un navire de la compagnie des Indes fit la première importation de Thé de Chine. Il en acheta 100 livres. (*Note sur les premières relations commerciales avec la Chine.*)

MOUVEMENT DES EXPORTATIONS DE THÉ EN 1844.

Les registres du consulat britannique à Canton établissent comme il suit les exportations générales de Thé du port de Canton, en 1844 :

Angleterre...............	23,637,000 kil.
États-Unis	7,169,000
Pays-Bas.	1,059,000
Australie................	252,000
Inde....................	213,000
Villes hanséatiques........	204,000
Nouvelle-Écosse..........	59,000
France..................	46,000
Cap de Bonne-Espérance...	37,000
Pérou..................	19,800
Iles de l'océan Indien......	12,700
Belgique................	7,700
Brésil..................	2,700
Mexique................	1,100
Destinations diverses......	153,000
TOTAL....	32,873,000

On remarquera que, dans ce total, n'est pas compris le Thé exporté pour la Russie par la voie de terre (Kiakhta), dont on évalue la quantité annuelle moyenne à 8 millions de kilogrammes.

EXPORTATIONS EFFECTUÉES DU 1er JUILLET 1844 AU 30 JUIN 1845.

D'après le *China Mail*, gazette de Hong-Kong, les chargements de Thé à destination de l'Angleterre se sont élevés à 24 millions 1/2 de kilogram., dont 19 millions de Thés noirs et le reste en Thés verts. Ils se sont répartis entre cent six navires, dont quatre-vingt-dix-neuf ont fait voile de Canton et sept de Shanghaï.

La quantité de Thé exportée aux États-Unis a été de 9 millions 1/2 de kilogram., les deux tiers en Thés verts ; elle a occupé cinquante navires.

C'est donc une question de savoir si tous les individus en-
gagés dans ce commerce, depuis le producteur jusqu'au négociant qui livre directement le Thé au marché étranger, ne
pourraient pas faire d'assez beaux bénéfices en le vendant à meil-

En somme, l'exportation directe aux deux pays ci-dessus aurait atteint
le chiffre de 34 millions de kilogrammes et excédé de 4 millions celle de
l'année précédente.

L'augmentation a porté principalement sur la part des États-Unis, laquelle, en 1843-44, n'avait été que de 6 millions 1/2 de kilogrammes. En
1844-45, elle s'est accrue de près de moitié, et a donné lieu à une navigation beaucoup plus active.

On n'est pas fixé sur l'extension qu'ont pu prendre, en cette dernière année, les envois de Thé à Singapore et aux autres échelles de l'Indo-Chine.
On rappellera que, en 1843-44, ils s'étaient élevés à près de 2 millions de
kilogrammes.

IMPORTATIONS EN ANGLETERRE.

Voici comment les *Statistical Tables*, publiées en Angleterre pour la
même année 1844, présentaient les mouvements du Thé en ce pays.

Il en avait été importé 24 millions 75,000 kilogrammes, dont 18,737,788
étaient restés à la consommation anglaise.

On demeure surpris de cette immense consommation, quand on la com-
pare à la nôtre, qui, en 1844, n'a pas excédé 145,969 kilogrammes. La
moyenne de nos importations de Thé étant de 200,000 kilogrammes, la
consommation, par tête, ressort chez nous à environ 5 grammes 7 déci-
grammes, tandis qu'en Angleterre cette moyenne peut être évaluée à
690 grammes.

Un fait important, au reste, ressort de l'examen ci-dessus, c'est que le
commerce britannique réexporte près du quart des Thés qu'il achète; ses
principaux débouchés pour ce commerce étant les ports du nord de l'Europe, et, pour une faible partie, quelques-uns des ports méditerranéens,
il ne paraît pas impossible que, par la suite, notre navigation entre en
partage dans le transport de cette denrée.

Les achats généraux de l'Angleterre en Thés, tels que les a constatés la
douane britannique, se sont ainsi composés en 1844 :

A la Chine............................	23,444,782
A l'Inde anglaise....	525,190
Au royaume de Siam....................	61,148
A l'Australie anglaise....................	21,662
Aux colonies anglaises de l'Amériq. du Nord.	13,983
Aux autres pays........................	8,835
TOTAL.............	24,075,600

(*Mission en Chine.* — *Documents commerciaux du ministère de l'agriculture et du commerce.*)

leur marché. Je ne pense pas, du reste, que ceux qui cultivent et préparent le Thé gagnent trop sur la vente. Le principal profit est pour les intermédiaires entre ces producteurs et les marchands qui le livrent au commerce extérieur. Il n'entre pas dans mon plan de rechercher à quel prix ces derniers pourraient encore faire un gain honnête ; j'ai seulement désiré établir qu'il nous est permis d'espérer que nous pourrons, avec le temps, obtenir à meilleur compte ce produit précieux qui nous fournit notre boisson favorite.

Dans tous les cas, il résulte des détails ci-dessus que les Chinois ont un grand intérêt à s'adonner de préférence à la production des Thés de qualité supérieure, puisque ce sont ceux qui leur donnent proportionnellement les plus beaux bénéfices.

CHAPITRE VI.

Nouvelles observations sur l'arbre à Thé, sur les districts à Thé. — Fabrication de Thé noir et de Thé vert. — Thé de *Pongamia glabra.* — Infériorité des Thés provenant du *Thea Bohea.* — Culture du Thé en Amérique, en Australie, en Angleterre.

La culture de l'arbre à Thé, bien que confinée, jusqu'à une époque assez récente, dans la partie orientale de l'Asie, occupait encore une très-vaste région. Thunberg nous apprend qu'il croît en abondance au Japon tant à l'état cultivé qu'à

Une note de la douane anglaise, en date du 2 juin 1853, est ainsi conçue :
« L'ordre pour percevoir les nouveaux droits sur le Thé est arrivé le 31 mai « au soir. Le 1er juin au matin, la livraison a commencé à six heures. Les « entrées dépassent le nombre extraordinaire de 10,000 caisses. Une seule « maison de la cité a payé hier 10,000 livres sterling (250,000 fr.) de droits « sur le Thé. »

Le *Pays* du 23 juin 1853, sous la rubrique *Commerce et industrie,* contient la note suivante :

« En Chine l'exportation du Thé de cette année est évaluée à 400,000 li- « vres de plus que l'an dernier. »

l'état sauvage, et le docteur Wallich nous informe qu'on le trouve aussi dans la Cochinchine; quant à moi, je l'ai vu cultiver en Chine depuis Canton, tout à fait au sud de cet empire, jusqu'au 31° degré de latitude nord, et M. Rewes assure qu'on le rencontre aussi dans la province de Shun-Tung, près de Tang-Chow-Foo, située à 36 degrés de la même latitude.

Quoi qu'il en soit, il est certain que les districts à Thé les plus importants de la Chine, ceux qui fournissent la presque totalité des Thés exportés en Europe et en Amérique, sont situés entre le 25° et le 31° degré de latitude nord, et que les meilleurs sont entre le 27° et le 31°.

La variété cultivée à Canton et avec laquelle sont fabriqués les Thés désignés sous le nom de *Thés de Canton* est celle connue des botanistes sous le nom de *Thea Bohea*, et la variété existant plus au nord, dans les provinces à Thé vert, est le *Thea viridis*.

La première paraît avoir reçu son nom de l'opinion générale où l'on était qu'elle fournissait tous les Thés noirs des montagnes de Bohea, et la seconde fut ainsi nommée parce qu'elle produisait, assurait-on, tous les Thés verts du commerce. Ces désignations ont induit le public en erreur, et jusqu'à ces derniers temps on a cru généralement que le Thé noir ne pouvait s'obtenir que du *Thea Bohea*, et le Thé vert du *Thea viridis*.

J'avais consigné, dans mon premier volume publié en 1846, plusieurs observations à ce sujet; je m'attachai à établir que les Thés noirs ou verts peuvent s'obtenir de l'une et de l'autre variété, et que la différence de couleur ne dépend absolument que de la manipulation (1). A l'appui de cette assertion, je ferai remarquer que l'arbre à *Thé noir* observé par moi près de Foo-Chow-Foo, à peu de distance des coteaux de Bohea, offrait une identité complète avec l'arbre à *Thé vert* du Che-Kiang.

_____

(1) Voir page 3 et suivantes.

On m'objecta alors que j'avais exploré , à la vérité , plusieurs districts à Thé voisins du littoral , mais que je n'avais pas visité les provinces de l'intérieur, qui fournissent principalement le Thé au commerce étranger.

Il serait difficile de me faire cette objection , aujourd'hui que j'ai parcouru et la contrée à Thé vert de Hwuy-Chow et celle à Thé noir de Woo-e-Shan, et je dois dire que , durant ces longues pérégrinations , je n'ai rien vu qui ait pu me porter à revenir sur les premières opinions que j'avais émises.

Il est bien vrai que les Chinois font rarement les deux espèces de Thés (noir et vert) dans la même contrée; mais c'est plutôt par convenance commerciale ou par habitude que par tout autre motif , et l'on doit concevoir, d'ailleurs , que les producteurs et les manipulateurs ont plus d'aptitude à bien faire l'espèce de Thé qu'ils font depuis longtemps. Toutefois cet usage , qui constitue la règle , souffre des exceptions : il est maintenant bien constaté , par exemple , que les beaux districts de Moning , près du lac de Poyang, qui acquièrent , chaque jour, plus d'importance par la fabrication de leurs excellents Thés noirs, ne faisaient autrefois que du Thé vert. A Canton même, on fabrique à volonté, avec le *Thea Bohea*, du Thé noir ou du Thé vert , suivant le goût des marchands et la nature des demandes.

Je placerai ici le récit d'une circonstance assez singulière qui s'est produite à mon arrivée à Calcutta , et qui est peut-être plus remarquable encore que la faculté de faire des Thés noir et vert avec la même espèce ou variété.

Je me dirigeais vers les plantations de Thé du gouvernement anglais dans les provinces nord-ouest de l'Inde , avec six ouvriers chinois exercés à la manipulation du Thé et de grands approvisionnements de plants et d'ustensiles pour cette fabrication. Le docteur Falconer, du jardin botanique de Calcutta , avec qui nous avions passé quelques jours , manifesta le désir de voir faire le Thé; il invita en même temps quelques-uns de ses amis à assister à l'opération. Je donnai immédiatement des ordres en conséquence à mes ouvriers chinois. En peu de temps nous eûmes construit un fourneau, installé des bassines; enfin tout fut disposé comme dans les fermes à Thé de la Chine.

Jusque-là tout était bien; mais où étaient les feuilles sur lesquelles nous devions expérimenter? Il n'y en avait pas à Calcutta, et on n'en aurait pu trouver qu'à une assez grande distance dans l'Himalaya. « Comment pourrons-nous faire du Thé sans feuilles? » me dirent mes Chinois tout surpris.

Je leur expliquai alors que ce que le docteur Falconer désirait surtout, c'était de *voir* le procédé, le mode de préparation; que le Thé que nous allions confectionner n'était pas destiné à être bu; qu'ainsi peu importait la qualité des ingrédients. Je les engageai alors à aller dans le jardin de Calcutta chercher des feuilles qui pussent suppléer à celles de l'arbre à Thé et se prêter, jusqu'à un certain point, à la manipulation. Ils se mirent donc à examiner avec soin tous les arbres ou arbrisseaux du jardin botanique, et revinrent au bout de quelque temps chargés de plusieurs paquets de feuilles de diverses plantes comme *specimen* à choisir; il y en avait un, entre autres, de *Pongamia glabra* (1). Celles-ci

(1) PONGAMIA. — Genre de la famille des Légumineuses papilionacées, tribu des Dalbergiées, établi par Lamarck (*Illustrat.*, t. 600); arbres ou arbrisseaux de l'Asie tropicale. — *Dict. univ. d'hist. nat.*, 1847, t. 10.

Genre PONGAMIA. Calice cyathiforme, quinquedenté, obliquement tronqué, étamines monadelphées, graine fendue postérieurement en deux faisceaux ou indivisée, le dixième filet à moitié libre. Légume comprimé, plane, rostré, 1-2 sperme.

Arbres. Feuilles imparipennées. Folioles opposées. Fleurs en grappes ou en panicules axillaires ou terminales.

Ce genre, composé de six espèces, appartient exclusivement à l'Asie équatoriale. Les Pongamias se distinguent par la rare beauté de leurs fleurs.

PONGAMIA GLABRE, *Pongamia glabra*, Vent., *Malm.*, tab. 28; *Hort. Malab.*, 6, tab. 3. — GADELUPA INDICA, Lamarck. — ROBINIA MITIS, Linn.— DALBERGIA ARBOREA, Willd.

Feuilles à cinq ou sept folioles ovales ou ovales-oblongues, acuminées,

nous parurent assez convenables pour le but que nous avions en vue; en conséquence, nous donnâmes l'ordre à quelques ouvriers du pays d'aller en cueillir la plus grande quantité possible et de nous les apporter près de notre usine improvisée.

Pendant ce temps les coolies allumaient le feu, et tout fut bientôt prêt pour commencer le travail. On fit passer successivement ces feuilles par toutes les phases de la fabrication que j'ai déjà décrite; une partie fut ensuite soumise au procédé de coloration, et enfin, à ma grande surprise, nous obtînmes un produit tellement semblable au Thé, que dix neuf personnes sur vingt s'y seraient trompées.

———

Je ne reviendrai pas ici sur ce que j'ai dit dans mon premier volume relativement aux procédés de fabrication des Thés verts et noirs (1); je ferai remarquer seulement, en ce qui concerne les feuilles employées pour la confection de ces derniers,

1° Qu'on les laisse quelque temps étendues sur le sol, dans la ferme, avant de les exposer au feu; 2° qu'elles sont ensuite agitées fortement jusqu'à ce qu'elles deviennent molles et flexibles, après quoi on les met en tas, et ce également avant de les soumettre à l'action du feu; 3° qu'après avoir été chauffées (roasted) pendant quelques minutes et roulées (rolled) elles sont exposées à l'air pendant quelque temps, n'étant pas encore entièrement dépourvues de l'humidité qu'elles contenaient; 4° qu'enfin, pour achever de les sécher, on les place sur un feu doux de charbon de bois.

———

ondulées, glabres. Grappes axillaires, pédonculées, simples, denses, plus courtes que les feuilles. Légume ovale-elliptique, acuminé, monosperme.

Folioles longues de 2 à 3 pouces. Grappes longues de 2 à 3 pouces. Fleurs inodores, semblables à celles du *Robinia visqueux*. Corolle blanche. Calice rougeâtre.

Cette espèce croît dans l'Inde.

(*Hist. nat. des végétaux phanérogames*, par M. Édouard Spach, 1834, tome I, page 361.)

(1) Voir le texte et les planches, pages 8, 9 et suivantes.

On voit qu'il existe entre le mode de préparation des deux espèces de Thé une différence très-sensible, qui non-seulement explique la différence de couleur, mais qui nous fait comprendre pourquoi le Thé noir n'a pas, comme le Thé vert, l'inconvénient d'exciter le système nerveux, de causer l'insomnie, etc., etc. (1).

Je consignerai maintenant ici quelques considérations sur l'arbre à Thé. J'ai déjà cité à plusieurs reprises les deux espèces ou variétés distinctes qui se trouvent en Chine et qui ont été toutes deux importées en Europe : l'une, la variété de Canton, appelée *Thea Bohea*; l'autre, la variété appartenant à la région du nord, nommée *Thea viridis*. La première produit les Thés ordinaires (noirs et verts), qui se fabriquent aux environs de cette ville; la seconde fournit les Thés verts de première qualité, qui se confectionnent dans le grand district de Hwuy-Chow et dans les provinces voisines.

Il y a peu de temps, on croyait encore, généralement, que les Thés noirs si renommés des coteaux de Bohea provenaient aussi de la variété de Canton; c'était une erreur.

Quand je visitai Foo-Chow-Foo pour la première fois en 1845, j'eus occasion de constater que la variété cultivée dans tout ce territoire était très-différente de celle de Canton et était, au contraire, identiquement la même que le *Thea viridis* de Che-Kiang. Foo-Chow-Foo n'étant pas très-éloigné des montagnes de Bohea, j'avais tout lieu de croire que l'arbre à Thé de ces deux localités appartenait à la même espèce; mais je n'en avais pas de preuve positive. Aujourd'hui ayant visité Woo-e-Shan et tout le pays environnant, ayant fait sécher des spécimens de toutes les plantes que j'ai recueillies, je suis en mesure d'asseoir enfin une opinion certaine sur cette question longtemps controversée.

J'ai la conviction que l'arbre à Thé de Woo-e-Shan tient

---

(1) Voir dans les annexes, à la fin du volume, les observations de M. Warrington, de l'école de pharmacie de Londres.

de très-près au *Thea viridis* et qu'il a la même origine, bien qu'un peu modifiée par le climat. Malgré l'examen le plus attentif, je n'ai pu y découvrir que de très-légères différences, trop peu sensibles pour constituer une variété, encore moins une espèce distincte, et dans beaucoup de sujets ces différences étaient à peine saisissables. Elles consistent en ce que la plante de Woo-e-Shan donne moins de branches que celle de Hwuy-Chow, et que ses feuilles sont dentelées et, en général, plus foncées en couleur.

Ce n'est pas qu'en parcourant une plantation de Thé dans quelque partie de la Chine que ce soit on ne puisse y trouver des dissemblances plus considérables, et la raison en est évidente. Le Thé se multiplie de graine, et dès lors il est complétement impossible que les produits soient tous d'une identité parfaite. Donc, au lieu de deux variétés d'arbre à Thé existant en Chine, on peut dire qu'il s'en trouve quinze ou vingt, bien que séparées par de faibles différences. Remarquons, en outre, que ces graines sont recueillies, chaque année, sous des influences climatériques qui varient, et nous ne nous étonnerons plus que la plante d'un district ne ressemble pas complétement à celle d'un autre, bien que provenant de la même origine.

De toutes ces considérations, je conclus que la plante à Thé de Woo-e-Shan et celle de Hwuy-Chow appartiennent à la même variété, et que les différences qu'elles peuvent présenter ne sont que le résultat de la reproduction par semis et des conditions de température.

Quant à l'arbre à Thé de Canton, nommé par les botanistes *Thea Bohea,* quelques dissemblances qu'il puisse offrir dans les diverses localités, sous le rapport de son organisation ou des phénomènes de végétation, il est évident pour moi qu'il ne constitue qu'une seule et même variété. D'ailleurs ces légères modifications ne diminuent en rien la valeur commerciale du produit obtenu de la même variété cultivée dans les grands districts à Thé du Fo-Kien et de Hwuy-Chow, où se fabriquent les Thés les plus estimés. D'un autre côté, il serait très-possible que la plante qui s'est améliorée dans ces deux provinces se fût, au contraire, détériorée dans d'autres. En conséquence, je conseillerai toujours de s'y adresser de préférence pour acheter des graines ou plants destinés à des cultures de Thé dans d'autres pays.

Dans ces dernières années, on a fait plusieurs tentatives pour introduire l'arbre à Thé aux États-Unis d'Amérique et dans nos colonies de l'Australie ; je crains fort que ces essais n'amènent que déceptions et mécomptes (1). Sans doute ce végétal pourra croître et même prospérer partout où il trouvera des conditions convenables de sol et de climat, et, si on ne le considère que comme plante d'ornement et au point de vue de la beauté du coup d'œil, rien ne s'oppose à ce qu'on l'introduise dans les deux contrées que je viens de citer ; mais, si on en veut faire un objet de spéculation commerciale, il ne suffit pas de trouver de bonnes conditions de sol et de climat, il faut encore tenir compte du prix de la main-d'œuvre.

En Chine, elle est très-bon marché. Les travailleurs, dans les provinces à Thé, ne gagnent guère que 2 ou 3 pence par jour (20 ou 30 centimes). Pourrait-on se procurer des ouvriers à un tel prix aux États-Unis ou en Australie, ou même à un taux qui s'en rapproche ? Évidemment non. Dès lors comment soutenir la concurrence avec les prix du marché chinois ?

L'arbre à Thé se voit sur un assez grand nombre de points en Angleterre ; dans le jardin royal de botanique, à Kew, on le cultive en pleine terre depuis plusieurs années ; on en trouve aussi dans d'autres jardins et dans la plupart des pépinières. Il forme de jolis buissons toujours verts et produit en abondance de jolies fleurs blanches pendant l'hiver et le printemps, à peu près dans le même temps où fleurissent les Camellias.

J'invite tous ceux qui possèdent ces arbres à Thé et qui les cultivent comme objet d'agrément à ne pas perdre de vue

---

(1) Je parlerai plus loin de la culture du Thé dans l'Inde où ces essais ont beaucoup mieux réussi.

que, en Angleterre comme en Chine, la plante ne peut réussir dans les lieux bas et humides; et c'est sans doute ce qui fait que si peu de personnes jusqu'ici aient pu obtenir, à cet égard, des résultats satisfaisants. On ne peut avoir de chances de succès qu'en plantant le Thé dans des terrains exempts d'humidité et en pente. Partout où se trouveront ces conditions nos cultivateurs pourront peut-être obtenir du Thé pour leur consommation; dans tous les cas, ils auront, du moins, sous leurs yeux une plante d'un aspect et d'une odeur agréables.

J'arrivai à Shanghaï au commencement d'août après une absence de plusieurs mois; à raison de l'extrême chaleur je me tins dans une douce quiétude sous le toit hospitalier de M. Beale jusqu'à la fin de septembre.

Dans le courant de l'hiver, je m'occupai de faire venir un large approvisionnement de graine de Thé et de jeunes plants de Hwuy-Chow et de différents points de la province de Che-Kiang. Toutes mes commandes arrivèrent en bonne condition à Shanghaï, où je dus prendre soin de les faire emballer et empaqueter pour le voyage de l'Inde, et je puis dire avec quelque satisfaction que j'avais là une collection des plus intéressantes.

J'avais réuni des plants non-seulement de Silver-Island, de Chusan et des districts de Ning-Po, mais aussi des célèbres contrées à Thé de Sung-lo-Shan et de Woo-e. J'avais fait préparer un bon nombre de caisses vitrées de Ward, où je les installai le mieux possible; puis je les conduisis moi-même jusqu'à Hong-Kong.

Je les dirigeai alors sur Calcutta en quatre envois sur un pareil nombre de navires pour éviter toutes les chances de pertes ou d'avaries. Aussitôt que mes quatre cargaisons furent expédiées, je repris la route du Nord. J'arrivai à Shanghaï au mois d'avril et je résolus de consacrer toute la belle saison à des expériences horticoles (1).

. . . .

. . . .

J'eus alors la satisfaction d'apprendre que toutes mes collections de plants de Thé étaient arrivées en bon état à Calcutta. De là, grâce aux excellentes dispositions prises dans cette ville d'abord par le docteur Falconer, puis à Allahabad par le docteur Jameson, elles parvinrent également, sans avoir souffert le moins du monde, à leur destination définitive dans l'Himalaya.

L'un des principaux points de ma mission en Chine était donc accompli, ou peu s'en fallait; mais j'avais encore à remplir une tâche que je considérais comme assez difficile. Il s'agissait d'engager un certain nombre d'ouvriers de première habileté dans toutes les opérations de préparation du Thé. Si j'avais voulu me contenter de coolies enrôlés dans les villes du littoral, rien n'eût été plus facile; mais il était indispensable de les choisir dans les districts de l'intérieur les plus renommés pour la bonne fabrication de ce précieux produit.

Dans le but de me faciliter l'accomplissement de cette mission, M. Beale vint obligeamment à mon aide. Son premier commis, homme très-connu et très-estimé dans tout ce pays, voulut bien se charger de conduire les négociations. Je quittai alors Shanghaï pour me rendre dans la province de Ning-Po et y acheter moi-même de nouveau des graines et plants de première qualité à joindre aux collections déjà envoyées dans l'Inde.

. . . .

Ayant fait tous mes achats comme je le désirais, je quittai Ning-Po à la fin du mois de décembre pour revenir à Shanghaï. A mon arrivée, je reconnus que, par les bons soins de M. Beale,

---

(1) Ici M. Fortune donne d'intéressants détails sur la flore de cette partie de la Chine; nous les classons plus loin dans une autre section, celle-ci étant exclusivement consacrée au Thé.   (*Note du traducteur.*)

des engagements avaient été passés avec d'habiles ouvriers, préparateurs de Thé, et que tout avait réussi au delà de mes espérances ; je trouvai aussi un large assortiment d'ustensiles et appareils pour la fabrication du Thé, de boîtes pour le transport des graines, etc., etc.; je n'avais donc plus enfin qu'à encaisser mes collections et à m'embarquer pour l'Inde.

Mes huit coolies échangèrent des adieux touchants avec leurs amis et compatriotes de l'intérieur qui les avaient accompagnés; puis nous montâmes sur le « *Island-Queen,* » capitaine M' Farlane, et le lendemain matin nous étions en route pour Hong-Kong.

. . . .

Dans l'automne de 1848, j'expédiai pour l'Inde une grande quantité de graines de Thé. Une partie fut tout simplement mise dans des sacs de toile, d'autres furent mêlées avec de la terre sèche et placées dans des boîtes; enfin quelques-unes furent envoyées par très-petits paquets par la poste pour arriver plus vite : aucune de ces méthodes ne me donna de bons résultats. Les graines de Thé ne conservent leur faculté germinative que très-peu de temps, ce qui rend fort difficile leur introduction par semence dans les pays un peu éloignés.

En 1849, toutefois, je parvins à trouver un moyen assuré de transporter ces graines à de grandes distances en les maintenant dans toute leur vitalité ; et, comme cette méthode peut s'appliquer à toutes les graines dont la faculté germinative n'a qu'une courte durée, il ne sera pas inutile de la faire connaître ici : elle consiste tout simplement à semer les graines dans des caisses vitrées de Ward peu de temps après qu'elles ont été récoltées.

Voici comment je fis ma première expérience : m'étant procuré de jeunes plants de Mûrier des meilleurs districts séricicoles de la Chine, je les plantai dans des caisses de Ward de la manière ordinaire, et je leur donnai un copieux arrosage (and watered them well). Au bout de deux ou trois jours, lorsque la terre fut suffisamment séchée, j'y fis un semis épais de graines de Thé que je recouvris d'une couche de terre de 1 centimètre et demi environ; j'arrosai de nouveau, puis je raffermis le tout avec de petits croisillons destinés à maintenir la terre; je vissai alors la caisse fortement pour la rendre aussi étanche que possible.

Lorsqu'elle arriva à Calcutta, les plants de Mûrier étaient en très-bon état de conservation; les graines de Thé avaient germé pendant la traversée et recouvraient toute la surface du sol.

Pendant cette même année je semai une assez grande quantité de graines de Thé entre des rangées de jeunes pieds de la même plante au lieu de Mûriers : elles germèrent également dans le cours du voyage, et arrivèrent jusque dans l'Himalaya en parfaite condition.

Lorsque la nouvelle de ces succès me fut parvenue de l'Inde, je me déterminai à adopter la même pratique pour des caisses que je me disposais à accompagner en personne jusqu'à leur destination. Après que quatorze caisses eurent été ainsi garnies, il me restait encore une certaine quantité de graine de Thé, environ 1 bushel et demi [55 litres] (1).

Je résolus, comme essai, de les disposer de la manière suivante : j'avais deux caisses vitrées destinées à recevoir une collection de Camellias de Chine pour le jardin botanique de Calcutta; j'y plaçai mes graines avec une certaine quantité de terre. Une couche de ce mélange, formé d'environ un tiers de terre et deux tiers de graine, fut étendue au fond de chacune des deux caisses; puis, ayant enlevé mes Camellias de leurs pots avec précaution, je les installai par-dessus. L'espace qui se trouvait entre chaque plante fut rempli également, jusqu'à la hauteur convenable, de ce même mélange; j'y ajoutai un peu de terre pour recouvrir complétement les graines et je donnai un bon arrosage; j'y clouai de petites planchettes pour maintenir la terre et je fermai les caisses solidement.

Je quittai Hong-Kong le 20 février 1851 avec mes seize caisses de semences, mes coolies et tous mes ustensiles, et j'arrivai à Calcutta le 15 mars. Je fus prendre mon domicile chez

---

(1) Le *bushel* répond à 36 litres et une fraction.

(*Note du traducteur.*)

le docteur Falconer, le directeur du jardin, et c'est à cette époque que nous procédâmes à la confection du faux Thé de *Pongamia glabra* dont j'ai parlé quelques pages plus haut.

Les caisses, comme on peut le penser, furent examinées dès le lendemain de notre arrivée ; les jeunes plants de Thé furent trouvés en très-bon état. Les graines qui avaient été semées entre les rangées commençant seulement à germer, naturellement nous nous gardâmes d'y toucher, attendu qu'elles avaient toute la place suffisante pour croître et se développer ; mais il n'en était pas de même de celles qui avaient été placées dans les caisses aux Camellias, elles réclamaient d'autres soins.

En les examinant nous reconnûmes qu'elles s'étaient un peu gonflées et que la germination commençait. Les Camellias qui ne devaient pas aller plus loin furent enlevés doucement et remis en pot ; ils n'avaient pas plus souffert que s'ils n'eussent jamais quitté leur terre natale.

Je fis faire de nouvelles caisses, je les remplis de terre et j'y fis un semis épais de ces graines de Thé en les recouvrant de terre d'après la méthode que j'ai déjà décrite ; en peu de jours elles commencèrent à se montrer, et il me parut que pas une n'avait manqué.

Vers le 25 mars je reçus du gouvernement l'ordre de me rendre dans les plantations. Je m'embarquai sur un des petits steamers qui font le service jusqu'à Allahabad ; là nous dûmes prendre la voie de terre jusqu'à Saharumpore, qui est environ à 30 milles du pied des montagnes de l'Himalaya. Mes coolies et leur mobilier, les caisses contenant mes précieuses collections, les ustensiles pour la fabrication du Thé remplissaient neuf charrettes, et, comme nous ne trouvions à louer, en fait de buffles, que ce qu'il nous fallait pour trois voitures chaque jour, tout ce transport s'effectua assez lentement. J'avais trouvé à Allahabad, d'après les ordres du gouverneur, une voiture d'une marche beaucoup plus rapide ; ce qui me permettait d'aller et de venir sur la route pour exercer ma surveillance.

Nous arrivâmes à Saharumpore à la fin d'avril, et je remis toutes les caisses au docteur Jameson, surintendant des jardins botaniques et des plantations de Thé dans les établissements du nord-ouest de l'Inde.

Lorsqu'on ouvrit les caisses, on trouva tous les plants de Thé en très-bon état ; on n'en compta pas moins de 12,838, sans parler d'un assez grand nombre de graines qui commençaient seulement à germer. Malgré le long voyage que ces plantes avaient eu à supporter depuis les provinces du nord de la Chine, malgré le transbordement et toutes les vicissitudes du voyage par eau et par terre, elles semblaient aussi vigoureuses que celles qui croissent sur les coteaux de la terre natale.

Telle est l'histoire des moyens à l'aide desquels je pus ajouter plus de 12,000 pieds de Thé aux plantations déjà existantes dans l'Himalaya.

CHAPITRE VII.

Inspection des plantations de Thé dans l'Inde. — Système de culture suivi dans ces établissements. — Flore des monts Himalaya. — Plantations de Thé de Deyra-Doon, de Guddowli, d'Almorah, etc., etc. — Observations générales sur la culture du Thé dans l'Inde. — Moyens de l'améliorer. — Retour à Calcutta.

Peu de temps après mon arrivée à Saharumpore, je reçus du gouverneur général de l'Inde, par les soins du lieutenant-gouverneur, l'ordre d'aller visiter les plantations de Thé des districts de Gurhwal et de Kumaon. Il m'était recommandé d'adresser un rapport tant sur leur état actuel que sur les résultats qu'on pouvait en attendre pour l'avenir.

Je fus accompagné, dans cette inspection, par le docteur Jameson. Les premiers établissements que nous visitâmes furent ceux du Deyra-Doon.

Le Deyra-Doon, autrement la vallée du Deyra, est située à 30° 18' de latitude nord et à 78° de longitude est. Elle a environ 10 myriamètres de longueur de l'est à l'ouest, et 2 myriamètres et demi dans sa plus grande largeur. Elle est bornée au sud par la chaîne des montagnes, de moyenne élévation, de Sewalick, et au nord par les monts Himalaya proprement dits, dont l'élévation est de **8,000** pieds (anglais) [environ **2,500** mètres] (1); à l'ouest elle reçoit la rivière Jumma, et à l'est le Gange. La distance entre ces deux cours d'eau est d'environ 8 myriamètres.

C'est au centre de cette vallée assez plate qu'a été établie la plantation de Thé de Kaolagir. En 1847, 4 hectares étaient en pleine culture; aujourd'hui la plantation s'étend sur 150 hectares; une quarantaine d'hectares sont préparés pour recevoir les jeunes plants que vont fournir les graines en germination.

Le sol est un composé d'argile, de sable et de matière végétale, assez compacte, très-dur en été, mais assez friable lorsqu'il est humide. Il repose sur un sous-sol graveleux mélangé de chaux, de sable, de schiste argileux, de quartz et autres roches entrant dans la formation géologique de la chaîne de montagnes qui la bornent. La surface en est généralement assez plate, bien qu'il y ait des dépressions et des ravins dans quelques directions.

Les plants sont bien disposés en rangées écartées de **1** mètre et demi, et dans lesquelles les pieds sont à 1 mètre de distance. Une espèce de graminée, d'une force de végétation prodigieuse, et spéciale à cette localité, tend toujours à envahir les plantations; on a beaucoup de peine à l'empêcher de surmonter les jeunes plants, et on n'y parvient que par des façons sans cesse renouvelées.

Outre les travaux communs à tous les districts à Thé de la Chine, tels que les sarclages et binages destinés à ameublir le sol, on pratique ici pour ces plantations un vaste système

---

(1) Nous avons dû, comme traducteur, reproduire le chiffre de M. Fortune. Nous ferons, toutefois, observer que les géographes assignent une plus grande élévation aux montagnes de l'Himalaya qui passent pour être les plus hautes du globe. Leur hauteur varie généralement de 3,000 à 3,500 toises. Cependant il y a dans la chaîne occidentale quelques pics dont l'élévation n'excède pas 2,000 toises.

(*Note du traducteur.*)

d'irrigation. Pour faciliter l'opération, on plante les jeunes pieds de Thé dans des tranchées de 12 à 15 centimètres de profondeur, et la terre qu'on en retire, rejetée entre les rangées, sert à former de petits sentiers pour les travailleurs; de petites rigoles, ayant leur prise d'eau dans un canal, viennent couper à angle droit toutes ces petites fosses, et, à l'aide de petites vannes qui s'ouvrent et se ferment à volonté, on peut facilement régler l'arrosage suivant les besoins.

Les pieds de Thé ne me parurent pas, je dois le dire, présenter ces apparences de force et de fraîcheur que j'étais accoutumé à rencontrer dans les plantations chinoises bien soignées. Cette différence provient, suivant moi, de plusieurs causes : 1° de l'usage où l'on est d'établir les plantations sur des terrains plats ; 2° de la pratique des irrigations; 3° de l'enlèvement prématuré des feuilles ; 4° des vents desséchants qui règnent souvent dans cette vallée, du mois d'avril jusqu'au commencement de juin.

En quittant le Deyra, nous nous dirigeâmes, par une route tracée dans la montagne, sur Paorie, près de laquelle se trouvait la première plantation que nous avions à visiter d'après notre itinéraire. Cette route nous fit traverser les stations bien connues établies dans la partie montueuse, à Mussoree et à Landour. A mesure que nous nous élevions, nous remarquions un changement très-notable dans les productions du règne végétal. Dans la vallée, et au pied même des montagnes, nous trouvions en abondance les *Justicia adhatoda*, *Bauhinia racemosa* et *variegata*, *Vitex trifoliata*, *Grislea tomentosa*, etc., etc. Plus haut, à 1,000 ou 1,200 mètres, par exemple, au-dessus du niveau de la mer, paraissait le *Berberis asiatica*, et enfin, en approchant du sommet, nous rencontrions des Chênes, des Rhododendrons, les *Berberis nepalensis*, *Andromeda ovalifolia*, *Viburnum*, *Spiræa*, et plusieurs autres plantes qui sont rustiques ou demi-rustiques en Angleterre.

Les montagnes du territoire de Mussoree et de Landour ont environ 8,000 pieds (anglais) [2,500 mètres] au-dessus

du niveau de la mer (1). Leurs pentes sont abruptes et généralement d'une désolante stérilité. De temps en temps on voit
quelques étendues de terre cultivée disposées en terrasse,
mais en très-petit nombre. De ces hauteurs la vue, par un
temps clair, est magnifique ; on aperçoit entre autres, une
succession de pics neigeux d'un admirable effet.

Quittant ces stations le 30 mai, nous continuâmes notre
route en longeant le flanc des montagnes dans la direction
de l'est. Le pays était des plus montagneux, et nous fîmes
plusieurs milles sans trouver trace de culture. Une escouade
assez nombreuse de *paharies*, ou Indiens de montagnes, portait nos tentes, nos provisions et tous nos effets. Le docteur
Jameson et moi nous cheminions sur des poneys, et madame
Jameson, qui était du voyage, se faisait porter dans une espèce de litière ou de palanquin nommé, par les gens du pays,
jaun-pan.

Très-souvent la route que nous suivions était tracée au
bord de précipices effrayants, et, si un faux pas nous y eût
entraînés, nous aurions dû renoncer à tout secours humain.

En franchissant ces montagnes, quelquefois sur des points
très-élevés, j'ai pu observer de près le caractère de leurs productions végétales. Comme nous l'ont déjà appris Royle et
d'autres voyageurs, la flore des monts Himalaya présente,
dans les parties les plus élevées, une grande ressemblance
avec celle de nos contrées européennes (2) ; mais elle offre
encore plus d'analogie avec les végétaux propres aux montagnes de la Chine, avec les espèces ou variétés que j'ai pu
observer dans les montagnes de Bohea, ou dans celles un peu
moins élevées de Che-Kiang ou de Kiang-See.

Dans la matinée du 6 juin, nous parvînmes à la plantation de Guddowli, près de Paorie. Cette plantation est située
dans la province orientale dite Gurhwal, à 30° 8′ de latitude

---

(1) Voir la note précédente, page 73.   (*Note du traducteur.*)
(2) Voir l'ouvrage de M. Royle intitulé, « *Botanique illustrée des monts*
« *Himalayas.* »

nord et 78° 45' de longitude est. C'est une assez grande
étendue de terre, d'une contenance d'environ 60 hectares,
disposée en terrasse et s'étendant du fond de la vallée ou
plutôt du ravin, car en cet endroit elle ne mérite guère
d'autre nom, jusqu'à plus de 300 mètres d'élévation, sur le
penchant de la montagne. Sa partie la plus basse est encore
élevée, au-dessus du niveau de la mer, de 5,000 pieds (environ 1,600 mètres), et sa partie la plus haute, de 6,000 pieds
(près de 1,900 mètres). Les montagnes qui l'entourent paraissent s'élever jusqu'à 8 à 9,000 pieds (de 2,500 à 2,800 mètres environ).

L'établissement contient près de 500,000 plants, dont
3,400, plantés en 1844, sont maintenant en plein rapport.
Les autres sujets n'ont guère que deux ou trois ans de plantation. Il y a, en outre, un grand nombre de semis sur couche prêts à être relevés et transplantés.

Le terrain de la plantation est un mélange de loam, de
sable et de matière végétale; il affecte la couleur jaunâtre, et
convient très-bien pour la culture du Thé; il offre, d'ailleurs,
une grande analogie avec le sol des meilleurs districts à Thé
de la Chine. Il est généralement caillouteux, et renferme
beaucoup de schiste argileux. Une grande quantité de terre,
aujourd'hui inculte et de la même qualité, pourrait être uti-
lisée sans porter aucune atteinte aux droits des colons planteurs.

L'aspect général de la plantation ressemble assez aux coteaux à Thé de la Chine, si ce n'est que ceux-ci ne sont que
très-rarement garnis de terrasses; mais cette disposition
est nécessaire dans l'Inde, où les pluies surviennent avec une
force prodigieuse. On pratique aussi à Guddowli le système
d'irrigation dont j'ai déjà parlé, mais dans de très-faibles
proportions, et ce à raison de la grande rareté de l'eau dans
la saison chaude.

Cette plantation promet beaucoup, et je ne doute pas que,
d'ici à quelques années, elle ne donne de grands produits..
Les pieds de Thé viennent parfaitement et paraissent se

plaire beaucoup dans ce terrain. Quelques-uns semblent avoir souffert de ce qu'on les a trop complétement dépouillés de leurs feuilles; mais il sera facile de parer à cet inconvénient pour l'avenir. Au total, elle est dans un état satisfaisant, et prouve l'utilité de ce précepte d'agriculture chinoise, qui dit qu'on ne doit jamais placer les arbres à Thé dans les terres basses propres à la culture du Riz ni les arroser.

Le territoire montagneux de Paorie est beaucoup plus fertile que celui de Mussoree, et aussi bien plus peuplé. On y voit un grand nombre de petites oasis consacrées à la culture, particulièrement dans les parties inférieures des coteaux, car les régions élevées sont entièrement stériles, et je ne pense pas même qu'elles aient jamais été visitées par l'homme.

Les ouvriers chinois que j'avais amenés avec moi furent placés sur cette ferme. On leur donna de jolies maisonnettes, avec des jardins, et enfin tout ce qui pouvait rendre leur position confortable.

Lorsque je quittai Paorie, ces braves gens se levèrent de grand matin et mirent leurs plus beaux habits pour venir me dire adieu. J'avoue que, de mon côté, je ne les quittais pas sans regret, habitué à les avoir depuis longtemps pour compagnons, et n'ayant eu qu'à me louer d'eux depuis notre départ de Chine.

Nous allâmes visiter ensuite les établissements d'Almorah. Le pays devenait de plus en plus fertile à mesure que nous avancions, et nous traversions des terrains d'excellente qualité pour la culture du Thé. Le 29 juin, nous arrivions à la plantation d'Hawulbaugh.

Cette ferme à Thé est située sur les bords de la rivière de Kosilla, à environ 8 kilomètres nord-est d'Almorah, capitale de la province de Kumaon, à environ 4,500 pieds (de 14 à 1,500 mètres) au-dessus du niveau de la mer.

20 hectares sont cultivés en Thé, en y comprenant la ferme de Chullar, qui en forme une annexe. Le sol est un loam sableux de fertilité moyenne, mélangé d'une assez forte proportion de matière végétale; il est très-propre à la culture du

Thé. La plus grande partie de la plantation est établie en terrasses; cependant on a laissé, en plusieurs endroits, les pentes dans leur état naturel, comme en Chine : l'irrigation n'y est pratiquée que sur une très-petite échelle.

Tous les jeunes plants présentaient une très-belle végétation, surtout ceux qui ne sont pas soumis à l'arrosage. Quelques pieds plus âgés étaient rabougris; ce qui provient évidemment de la trop grande abondance d'eau fournie aux racines par l'irrigation, et aussi de l'ablation exagérée des feuilles.

Plus près d'Almorah, à environ 5,000 pieds (1,600 mètres), sont les deux petites plantations de Lutchmisser et de Kuppena, comprenant environ 4 hectares plantés en Thé; le sol y est léger, sablonneux, mêlé de schistes argileux provenant des roches qui composent la montagne. Ces plantations sont très-rarement arrosées, et d'ailleurs la pente du terrain est assez forte pour faciliter le prompt écoulement de l'eau. Tous les sujets étaient bien portants et en plein rapport.

J'avais alors inspecté toutes les plantations de Thé du gouvernement anglais, à l'exception de celle de Bheem-Tal. Avant de m'y rendre, mes instructions portaient que je devais visiter les petites fermes à Thé des Zemindars, placées sous le patronage du commissaire général et du gouverneur de Kumaon.

Je ne parlerai ici que de deux petites plantations du vaste district de Kutoor, situé à 5 myriamètres au nord d'Almorah, et dans le centre duquel se trouve l'ancienne cité, ou plutôt l'ancien village de Byznath. Ces deux petites plantations, établies sur deux coteaux de la partie la plus élevée du district, sont placées sous la direction immédiate du capitaine Ramsay; chacune d'elles se compose de 3 ou 4 hect. de terre, et leur création ne remontait guère, à l'époque de ma visite, à plus d'une année.

Dans ce court espace de temps, les jeunes pieds avaient déjà formé de vigoureuses touffes d'une végétation luxuriante (*nice strong bushes*). Je n'avais jamais vu, même dans les meilleurs districts à Thé de la Chine, de plantations d'une plus belle venue.

Le capitaine m'assura qu'il avait obtenu ces remarquables résultats d'une manière très-simple, et qu'il me décrivit ainsi : sur tout le territoire des deux villages dont ces deux fermes dépendent, il y a exemption ou plutôt transformation d'impôt ; au lieu de l'acquitter, les cultivateurs sont tenus de fournir une quantité d'engrais et de donner à la terre, en temps utile, les façons nécessaires, notamment à l'époque de la transplantation des semis. En outre, quatre détenus sont constamment employés dans la ferme.

Je suis convaincu que la réussite si remarquable de la plantation tient en grande partie, indépendamment de l'excellente qualité du sol, au judicieux mode d'exploitation qui y est suivi. Les jeunes plants sont repiqués avec tout le soin possible à l'époque convenable, et on ne manque pas de choisir, pour cette opération, un temps un peu humide ; ensuite on leur épargne les irrigations.

Les autres plantations des Zemindars, qui ne sont pas en aussi bon état, auraient pu réussir également, si on avait pratiqué les mêmes procédés. Il importe qu'on fasse bien comprendre aux Zemindars que, pour assurer le succès de ces établissements, il est indispensable de s'abstenir avec soin 1° de choisir des terrains bas et humides, éminemment propres, sous ce double rapport, à la culture du riz ; 2° de pratiquer l'irrigation ; 3° d'enlever les feuilles avant que l'arbre à Thé ait acquis toute sa force et tout son développement.

Vers la mi-juillet, nous quittâmes la province d'Almorah pour nous rendre à Bheem-Tal. Après avoir franchi la montagne de Gang-Hur, élevée d'environ 9,000 pieds (2,800 mètres) au-dessus de la mer, nous en redescendîmes les versants méridionaux, au bas desquels se trouve cette plantation.

Le lac de Bheem-Tal est situé à 29° 20′ de latitude nord et à 79° 30′ de longitude est ; il est à 4,000 pieds (1,250 mètres) au-dessus du niveau de la mer.

Les montagnes environnantes constituent la chaîne méridionale des monts Himalaya, et bordent l'immense plaine de l'Inde que l'on aperçoit de temps en temps par les intervalles qui les séparent. C'est sur les pentes les moins abruptes de ces montagnes que l'on a créé les plantations dont il s'agit, et qui forment trois établissements distincts :

1° Plantations d'Anoc et de Kooasur. Ces deux fermes à Thé se touchent et comprennent ensemble 25 hectares; elles sont formées sur un terrain bas et plat. Les sujets ne paraissent pas bien portants; quelques-uns sont morts; les autres végètent médiocrement; on ne devrait jamais choisir de telles localités pour la culture du Thé. Sans aucun doute, avec beaucoup de soins et en pratiquant le drainage, l'arbre à Thé pourra y vivre; mais dans de telles conditions il est impossible qu'il atteigne ce degré de force et cette riche végétation nécessaires pour que la culture en soit profitable. D'ailleurs ces terrains bas et plats peuvent être utilisés autrement; ils conviennent très-bien pour la culture du Riz, qui offre de grands avantages.

2° Plantation de Bhurtpoor. Elle ne se compose que de 3 hectares en terrasse, sur le penchant de la montagne un peu à l'est de la précédente. Le sol est formé d'un loam léger mélangé de schiste argileux; il contient aussi une petite proportion de matière végétale ou *humus*. Sa situation et le terrain conviennent également pour la réussite de l'arbre à Thé; aussi la plantation est-elle dans le meilleur état.

3° Plantation *Russia*. Elle comprend 30 hect. de terre dans le bas du coteau disposée en terrasse. Sur plusieurs points les pieds de Thé sont en bon état; mais, en général, ils paraissent souffrir de la trop grande abondance d'eau et de l'enlèvement prématuré de feuilles. Je ne doute pas, toutefois, que cette ferme ne donne de très-bons résultats lorsqu'on aura amélioré le mode d'exploitation qui y est suivi. En effet, j'ai pu remarquer des sujets très-vigoureux dans le jardin du directeur attenant à la plantation, et qui, par sa position, ne peut être irrigué.

Lorsque nous eûmes terminé l'inspection de ces établissements, le docteur Jameson me quitta pour retourner à son poste, et je me dirigeai vers Nainee-Tal pour prendre la route des plaines. J'éprouve un véritable plaisir à rendre ici témoignage au zèle et à l'habileté que le docteur a montrés dans la direction des plantations dont le soin lui était confié. Je dois même dire que, d'après le peu de notions qu'on avait pu obtenir jusqu'ici en ce qui concerne la culture du Thé en Chine, il est étonnant que son introduction dans l'Inde n'ait pas donné lieu à plus d'erreurs.

———

Maintenant que j'ai décrit toutes les plantations de Thé de nos établissements dans l'Himalaya, je présenterai quelques considérations sur cette culture dans les provinces de l'Inde et sur les moyens de l'améliorer.

On a pu remarquer, par tout ce qui précède, que je désapprouve complétement le choix des localités basses et plates pour l'arbre à Thé. Les Chinois, qui doivent, à cet égard, nous servir de guides, ne lui consacrent jamais ces sortes de terrains. Il est bien vrai que dans le beau district à Thé vert de Hwuy-Chow, près de la ville de Tun-Che, quelques centaines d'acres de terrain assez plat sont plantés en arbres à Thé ; mais il faut dire que ce terrain est dans le voisinage immédiat des coteaux, qu'il est traversé par une rivière dont les bords sont, en général, de 5 ou 6 mètres plus élevés que le niveau de l'eau, comme le Gange au-dessous de Benarès. Ainsi, par le fait, il présente les conditions des terres de coteau qui conviennent au Thé. Cette observation ne devra pas être perdue de vue pour les plantations à établir à l'avenir dans l'Himalaya.

Là où le Thé ne pourrait venir sans irrigations, c'est un signe certain que le sol ne convient pas pour cette culture. Sans doute il est toujours utile d'avoir de l'eau à sa disposition pour le cas d'une très-longue sécheresse ; mais on ne doit

6

user de cette ressource que très-sobrement et par exception.

J'ai déjà eu occasion de dire que la terre convenable pour l'arbre à Thé doit être fraîche, mais non humide. On doit bien se rappeler que cette plante n'est nullement une plante aquatique, puisqu'on la trouve à l'état sauvage sur les pentes des coteaux. Ce qui confirmerait au besoin cette assertion, c'est ce que j'ai consigné dans le récit de mon inspection des fermes à Thé de l'Himalaya, à savoir que les plantations dans le meilleur état sont celles où l'irrigation a été peu ou point employée.

J'ai signalé comme une méthode très-nuisible pour l'arbre à Thé l'habitude d'enlever les feuilles sur les arbres encore trop jeunes. En Chine, on ne les cueille jamais avant la troisième ou quatrième année. Lorsque leur croissance s'opère dans de bonnes conditions, ils commencent, à cette époque, à donner de bons produits.

Tout ce qu'on peut faire à cet égard est de les émonder un peu dans ces premières années, afin de les rendre plus touffus si on remarque qu'ils ne donnent pas beaucoup de branches. Il est facile de comprendre que, lorsqu'on enlève les feuilles trop tôt, et surtout lorsqu'on renouvelle l'opération, la plante perd de son énergie; elle n'acquiert pas le développement désirable, et ainsi on éprouve, chaque année, une perte notable sur la récolte qu'on aurait pu obtenir.

Un arbre à Thé qui, au contraire, a été bien traité peut, à huit ans, donner 2 à 3 livres (anglaises), soit de 910 grammes à 1 kil. 360 grammes de Thé par année, tandis qu'un autre pied du même âge, mais beaucoup plus chétif par suite de l'enlèvement prématuré des feuilles, n'en donnera souvent que quelques onces.

La même observation s'applique aux sujets qui, pour telle cause que ce soit, sont mal portants ou faibles; dans ce cas, ceux qui font la cueillette des feuilles doivent s'abstenir d'y toucher jusqu'à ce que l'arbuste ait repris de la vigueur.

Climat. Les établissements de Gurhwal et de Kumaon me paraissant être les plus favorisés en ce qui concerne les conditions de température, je décrirai leur état climatérique comme le type le plus avantageux.

D'après un tableau d'observations météorologiques faites à Hawulbough de la fin de novembre 1850 à la mi-juillet 1851, et dont le relevé m'a été obligeamment fourni par le docteur Jameson, le climat de cette localité est extrêmement doux. Pendant les mois d'hiver, le thermomètre de Fahrenheit n'est jamais descendu, au lever du soleil, au-dessous de 32° (0°,00 centigrade), et encore cet abaissement n'a eu lieu que très-exceptionnellement. Le 4 février 1851, il est monté à 66° (18°,89 cent.), toujours au soleil levant; mais, en résumé, la moyenne a été à peu près de 55° (12°,78 cent.).

Le mois de juin paraît être habituellement le plus chaud de l'année. Les 5, 6 et 7, le thermomètre est monté à 92° (33°,33 cent.) à trois heures après midi, et c'est le point le plus haut du tableau dont il s'agit; le plus bas, relevé à la même heure, a été 76° (24°,44 cent.); mais la moyenne, à trois heures après midi, est de 85° (29°,44 cent.).

Les saisons sèches et humides ne sont pas aussi tranchées dans les parties montueuses que dans les plaines. En janvier 1851, il a plu cinq jours et dix nuits, et la quantité totale de pluie indiquée par l'udomètre pendant ce mois est de 13 centimètres; en février, 10 centimètres; en mars et en avril, 5 centimètres; en mai, point; en juin, 16 centimètres.

Pendant le mois de juin, il y a ordinairement quelques journées très-pluvieuses, puis plusieurs jours de sécheresse; après quoi, survient définitivement la saison des pluies. Cette saison commence dans le cours de juillet jusqu'en septembre. Les mois d'octobre et novembre sont généralement très-beaux; l'atmosphère est pure et le ciel sans nuage; ensuite règnent des brouillards assez fréquents jusqu'au printemps.

En comparant le climat de ces deux provinces à celui des meilleurs districts à Thé de la Chine, c'est-à-dire du Fo-Kien, du Woo-e-Shan, du Kiang-See et des parties méridionales du Kiang-Nan, je n'y trouve que peu de différence.

La ville de Tsong-Gan, située dans un canton à Thé noir,

près de Woo-e-Shan, est située à 27° 47' de latitude nord. Là le thermomètre, dans les mois les plus chauds, c'est-à-dire en juillet et août, reste toujours entre 92° et 100° (33°,33 et 37°,78 cent.); tandis que, pendant les mois les plus froids, décembre et janvier, il descend à glace, et quelquefois plus bas.

Il existe donc une grande analogie de température entre Woo-e-Shan et Almorah.

Les grandes provinces à Thé vert étant situées à deux degrés plus au nord, les excès de chaud et de froid y sont un peu plus sensibles.

On remarquera que la plus grande chaleur, qui, dans l'Himalaya, règne pendant le mois de juin, se fait sentir, en Chine, dans les mois de juillet et d'août. Cela tient à ce que, dans ce dernier pays, la saison des pluies survient plutôt que dans l'Inde.

En Chine, les fortes pluies commencent vers la fin d'avril, et continuent, par intervalles, jusqu'en mai et juin. La cueillette des premières feuilles (celles qui servent à faire le Thé péko) ne s'opère, en général, que lorsque l'air a commencé à se charger de vapeurs aqueuses; dès lors les pluies ne se font pas attendre. Il en résulte que la seconde pousse des feuilles, celles qui constituent la récolte la plus importante, a lieu dans de très-bonnes conditions, et que l'arbuste ne tarde pas à se regarnir.

Quiconque est tant soit peu familiarisé avec la culture du Thé comprendra que ces circonstances climatériques lui sont très-favorables. Or ces mêmes avantages se retrouvent dans l'Himalaya, avec cette seule différence que l'époque normale des pluies y est un peu plus tardive. J'ai déjà indiqué, d'après les tableaux météorologiques du docteur Jameson, que les pluies printanières sont assez fréquentes dans la province de Kumaon, tandis qu'elles sont assez rares dans les plaines de l'Inde. Je pense, dans tous les cas, qu'on doit diriger la cueillette des feuilles suivant le climat, c'est-à-dire opérer la première un peu avant les pluies, et la seconde, la plus considérable, lorsqu'elles seront survenues.

Comparaison des végétaux de la Chine et de l'Himalaya. — Un des moyens les plus sûrs de s'éclairer dans le sujet qui nous occupe, c'est l'examen des productions végétales des deux pays. Le docteur Royle, le premier qui a recommandé l'introduction de la culture du Thé dans cette partie du vaste territoire indien, appuyait ses déductions (en l'absence des données positives que nous possédons aujourd'hui sur la Chine, considérée à ce point de vue) non-seulement sur la similitude de la température des montagnes de ce dernier pays avec celle de l'Himalaya, mais aussi sur la conformité dans les produits du règne végétal.

Cette ressemblance est, en effet, des plus frappantes. Dans l'une et l'autre contrée, si nous exceptons les vallées les plus basses de l'Himalaya dont nous ne nous occupons pas, on voit peu de plantes affectant la forme tropicale. Prenant pour exemple les arbres et arbrisseaux, nous trouvons que ceux des genres *Pinus, Cupressus, Berberis, Quercus, Viburnum, Indigofera, Andromeda, Lonicera, Deutzia, Rubus, Myrica, Spiræa, Ilex*, et un grand nombre d'autres, sont communs aux deux pays.

Parmi les plantes herbacées, nous y voyons les genres *Gentiana, Aquilegia, Anemone, Rumex, Primula, Lilium, Leontodon, Ranunculus* également distribués dans l'Himalaya et en Chine ; la même similitude s'étend jusqu'aux plantes aquatiques, aux *Nelumbium, Caladium*, etc. Il y a plus, nous n'y trouvons pas seulement des plantes appartenant aux mêmes genres, mais, dans beaucoup de cas, des espèces absolument identiques.

L'*Indigofera*, assez commun dans l'Himalaya, croît aussi en abondance sur les coteaux de la Chine ; il en est de même des *Berberis nepalensis, Lonicera diversifolia, Myrica sapida* et de beaucoup d'autres.

S'il était nécessaire, je pourrais encore démontrer qu'il existe également une similitude frappante au point de vue géologique. Ainsi on trouve dans les deux pays le schiste argileux dans de fortes proportions, etc., etc. ; mais je crois avoir suffisamment établi la parfaite convenance des montagnes de l'Himalaya pour la culture du Thé : elle est, d'ailleurs, amplement démontrée par le fait lui-même, c'est-à-dire par l'état florissant des plantations que j'ai visitées.

J'ai démontré que l'arbre à Thé peut prospérer dans l'Himalaya et donner des bénéfices ; mais il me reste à présenter une considération importante, c'est l'avantage de s'attacher à produire des Thés de qualité supérieure par le choix des meilleures variétés et le perfectionnement des procédés de culture. On sait que l'espèce d'arbre à Thé qui croît dans les parties méridionales de la Chine est celle qui donne les Thés les plus communs. Elle peut s'obtenir beaucoup plus facilement que la variété supérieure des provinces du nord ; et c'est elle qui a été, dès le principe, envoyée dans l'Inde, et qui a fourni des sujets pour toutes les plantations dont j'ai parlé.

C'était surtout pour changer cette situation et chercher à obtenir les variétés des districts qui fournissent les meilleurs Thés du commerce que j'avais été envoyé en Chine, en **1848**, par l'honorable compagnie des Indes. Je devais, en outre, engager dans les mêmes localités de bons ouvriers préparateurs de Thé, et m'y procurer des ustensiles pour cette fabrication. On a vu plus haut que, par suite de cette mission, plus de **12,000** plants des arbres à Thé les plus renommés du centre et du nord de la Chine, six ouvriers de première habileté et tous les appareils nécessaires avaient été introduits dans les établissements de l'Himalaya.

Un grand pas a donc été fait ; mais il reste encore beaucoup à faire. Ces espèces de choix d'arbres à Thé de la Chine doivent être entretenues avec le plus grand soin, réparties dans les différentes plantations, et aussi distribuées aux Zemindars. Il sera, en outre, nécessaire, pendant longtemps encore, de les renouveler, chaque année, par des importations de cet empire.

Les coolies chinois qu'on avait fait venir de Calcutta, quelques années avant ma mission, sont loin, suivant moi, d'être d'habiles travailleurs ; je doute même, à vrai dire, qu'ils aient jamais confectionné du Thé dans leur pays. Il conviendra de les évincer peu à peu et de les remplacer par des ouvriers réellement expérimentés, car ce serait chose fâcheuse que d'apprendre aux naturels du pays des méthodes vicieuses. Il serait, au contraire, essentiel de propager aussi promptement qu'on le pourra parmi les Indiens les bonnes pratiques de culture et de fabrication du Thé. Cet appel à des ouvriers chinois qui se font payer cher, en raison du besoin qu'on a de leurs services, ne peut et ne doit être qu'une mesure transitoire.

On doit et on peut calculer l'époque où les naturels du pays pourront, comme en Chine, fabriquer le Thé, et alors chaque famille le fera sur son exploitation ; mais, comme ils sauront le cultiver assez longtemps encore avant d'arriver à le bien préparer, il sera préférable, jusque-là, de leur acheter leur récolte de feuilles pour les transporter dans les fabriques du gouvernement.

De Kumaon, je me dirigeai vers Nainee-Tal, où je fus cordialement reçu par le capitaine Jones, qui m'offrit l'hospitalité dans son habitation. Nainee-Tal est une des plus jolies stations que j'aie vues dans l'Himalaya. Son lac, d'un aspect tout à fait romantique, est entouré de collines richement boisées ; une belle route a été tracée sur ses bords ; les maisons des habitants sont disséminées de la manière la plus pittoresque sur les flancs du coteau. Des embarcations de toute sorte sillonnent incessamment le lac, et, vues des hauteurs, elles forment le tableau le plus animé et le plus agréable.

Le 28 juillet, je quittai cette charmante position et je pris la route des plaines. Mon hôte descendit avec moi et m'accompagna jusqu'à une petite plantation qu'il désirait voir, et où nous trouvâmes un déjeuner qui nous avait été préparé par ses ordres. Décrire la scène grandiose et imposante qui s'offrait alors à nos regards dans ces vastes solitudes serait au-dessus de mes forces.

Derrière nous, des montagnes de toute hauteur, de toute forme, de l'aspect le plus étrange et le plus varié ; devant nous, les belles plaines de l'Inde qui se déroulaient à perte de vue. L'imagination restait comme confondue devant un pareil spectacle.

Il fallut enfin se séparer. Mon bon hôte reprit le chemin de sa montagne et je continuai de franchir l'espace. Après avoir visité sur ma route les cités de Delhy et d'Agra, j'arrivai à Calcutta le 29 août, et je me retrouvai encore pour quelques jours au jardin botanique, chez le docteur Falconer, en attendant le steamer qui devait me ramener en Angleterre.

DEUXIÈME SECTION.

Cultures diverses.

CHAPITRE VIII.

Culture du Coton en Chine. —Variétés de Coton. — Description des districts où on le cultive. — Engrais qu'on y applique. — Procédés de récolte, de séchage, de nettoyage. — Vente du Coton. — Consommation intérieure. — Emploi des tiges.

La plante qui produit le Coton des Chinois ou de Nankin est le *Gossypium herbaceum* des botanistes, et le *Mie wha* des provinces septentrionales de la Chine (1). C'est un arbuste annuel portant des branches s'élevant à 1 mètre ou 1^m,20 de hauteur, suivant la richesse du sol ; il fleurit depuis le mois d'août jusqu'au mois d'octobre. Ses fleurs sont jaunes, et, comme celles de l'*Hibiscus* et de la Mauve, elles ne s'ouvrent que quelques heures, pendant lequel temps elles accomplissent la fonction que leur a assignée la nature ; après quoi, elles se flétrissent et ne tardent pas à mourir. A ce moment les capsules renfermant la graine commencent à se gonfler ; elles arrivent promptement à leur maturité ; alors l'enveloppe s'ouvre, et laisse voir le Coton d'un blanc pur dans lequel les graines sont comme cachées.

Le Coton jaune dont on se sert pour fabriquer les beaux nankins se nomme, dans le pays, *Tze mie wha*, et n'offre, d'ailleurs, que peu de différence, dans son apparence générale

---

(1) Voir dans les annexes, à la fin du volume, la notice sur les diverses espèces de Cotonnier et les essais dont elles ont été l'objet.

(*Note du traducteur.*)

et dans sa structure, avec celui dont je viens de parler. Je les ai souvent comparés dans les champs où ils croissaient ensemble, et, quoique le Coton jaune ait, en général, un aspect plus grêle que le blanc, on ne peut dire qu'il ait des caractères assez tranchés pour constituer une espèce à part. C'est une variété purement accidentelle, et, bien que ses graines la reproduisent assez généralement, elles donnent aussi quelquefois naissance à des pieds de Coton blanc.

Il y a, au reste, réciprocité, sous ce rapport, entre les deux variétés; aussi voit-on fréquemment des pieds de Coton jaune dans les plantations de Coton blanc qui environnent Shanghaï, tandis qu'à quelques milles plus au nord, dans les champs, près de la ville nommée Poushan, sur les bords du Yang-Tse-Kiang, où l'on cultive le Coton jaune en abondance, j'ai souvent remarqué des individus de la variété blanche.

Cette dernière (le Coton blanc dit Coton de Nankin, *Mie wha*) est principalement cultivée dans les plaines du territoire de Shanghaï, où elle constitue la véritable récolte commerciale d'été. Ce district, qui ne forme qu'une partie de la grande plaine dite d'*Yang-Tse-Kiang*, est de 1 mètre et plus au-dessus du niveau des rivières et canaux. Il convient, en conséquence, beaucoup mieux, pour la production du Coton, que les plaines basses consacrées à la culture du Riz dans plusieurs parties de la province, telles, par exemple, que la plaine de Ning-Po, dont le sol est toujours humide, parfois marécageux, et sujet à être, de temps à autre, complétement inondé.

Ce n'est pas qu'il n'y ait, dans ce même district, quelques parties basses et humides; dans celles-là, au lieu du Coton, on cultive le Riz, qui est régulièrement arrosé pendant sa période de croissance.

Quoique le sol de ce district, que j'appellerai *district à Coton*, soit généralement uni, à tel point que, du sommet des maisons de Shanghaï, on ne peut apercevoir aucune colline, il y a cependant quelques ondulations et accidents de terrain qui lui donnent un aspect agréable, et au total on peut dire que c'est peut-être le district agricole le plus fertile du monde.

L'engrais que les Chinois appliquent au Coton est, à coup sûr, celui qui convient le mieux pour cette culture. C'est la curure des étangs, des innombrables canaux et fossés qui coupent le pays dans tous les sens; une espèce de vase composée, en partie, des détritus de longues herbes, de Roseaux, de plantes aquatiques et, en partie, de la couche superficielle du sol des coteaux que les fortes pluies entraînent dans la plaine.

En Chine, chaque opération agriculturale est exécutée avec une parfaite régularité, et toujours à l'époque qui a été fixée, après avoir été reconnue la meilleure. Cette régularité se fait remarquer plus particulièrement dans ce qui a trait à la fumure des plantations cotonnières. Au commencement d'avril, vous voyez de tous côtés les cultivateurs occupés à curer et vider les canaux et fossés. On fait d'abord écouler l'eau ; après quoi, on retire toute la vase, qu'on dépose sur les bords. Elle y reste quelques jours pour qu'elle puisse bien s'égoutter ; ensuite on l'enlève, et on la répand dans les champs qui doivent être cultivés en Coton.

Il faut dire que, préalablement, la terre a été bien préparée pour la recevoir ; labourée d'abord avec la charrue à buffle en usage dans le pays, elle est ensuite brisée et, pour ainsi dire, pulvérisée avec la houe à trois pointes, ou bien, dans les fermes trop peu considérables pour s'élever jusqu'à la charrue et à la houe, ces mêmes opérations sont exécutées à la main. Lorsque la vase est apportée et répandue sur le terrain ainsi disposé, elle est d'abord peu friable ; mais les premières pluies qui surviennent l'incorporent bientôt avec la partie superficielle de la couche arable. En peu de temps le mélange est ameubli et dans la meilleure condition pour recevoir le semis de graines de Coton.

Le résidu obtenu du ratissage des routes, le produit de la combustion des broussailles et mauvaises herbes est aussi soigneusement recueilli et employé dans le même but.

La plus grande partie des terres consacrées à la culture que je décris en ce moment reste en jachère pendant l'hiver, ou

bien l'on y sème des plantes qui peuvent se récolter avant le
moment de la semaille du Coton. Il arrive même souvent qu'on
voit, dans le même terrain, deux récoltes simultanément. Le
Froment d'hiver, par exemple, est généralement mûr, dans
le district de Shanghaï, vers la fin de mai, et justement la période de la mi-avril à la mi-mai est l'époque convenable pour
semer le Coton. En conséquence, afin de pouvoir obtenir ce
dernier produit dans les terres à Blé, certains cultivateurs
sèment la graine dans le champ de Froment à l'époque vou-
lue. Lorsqu'on moissonne celui-ci, le Coton a déjà quelques
pouces de haut; il prend alors son essor, et pousse vigoureu-
sement sous la double influence de l'air et du soleil.

Ce qu'on appelle, à Shanghaï, *la saison*, c'est-à-dire cet
intervalle qui s'écoule des dernières gelées du printemps à
celles de l'automne, ne suffit que bien juste à la croissance
et à la maturité du Coton, et il est indispensable de se renfermer dans cette limite, car cette plante souffre beaucoup des
froids vifs. On conçoit, dès lors, que le laboureur chinois se
voit souvent contraint, s'il veut obtenir de sa terre deux récoltes dans l'année, de l'ensemencer avant que celle d'hiver
soit faite.

Il est cependant bien préférable, quand cela est possible,
de ne semer la graine de Coton que lorsque cette récolte hivernale est achevée; car on peut alors préparer le sol et le
fumer convenablement, ce qui, naturellement, est impossible
dans le premier cas. Cependant j'ai pu remarquer que beaucoup de fermiers, dans ce district, sont dans l'usage d'ensemencer un terrain avant qu'il soit débarrassé de sa récolte, et
même en automne, avant que les pieds de Coton soient enlevés, il n'est pas rare de voir le Trèfle, les Fèves ou d'autres
plantes qui sortent de terre et s'apprêtent à les remplacer.

C'est ainsi que les cultivateurs des provinces du nord de la
Chine trouvent moyen de tirer tout le parti possible de leur
terre. Il faut dire aussi que leur sol, loam riche et profond, est
d'une remarquable fertilité, et peut porter, avec une seule
fumure, un certain nombre de récoltes successives. La nature

a départi ses faveurs d'une main prodigue aux habitants de cette contrée, et indépendamment des qualités du sol, qui est le plus fécond de toute la Chine, le climat se prête à la production de plusieurs plantes tropicales, en même temps qu'à celles de la plupart des régions tempérées du globe.

Quoi qu'il en soit de cette habitude d'ensemencer le terrain avant que la récolte du Coton soit faite, nous décrirons ici la méthode normale et celle qui, sans contredit, considérée isolément, est la plus avantageuse.

Vers la fin d'avril ou les premiers jours de mai, on apporte la graine de Coton dans des paniers, et on procède à l'ensemencement. On sème ordinairement à la volée, de manière à répandre la graine très-uniformément; après quoi, les ouvriers parcourent le terrain en le piétinant avec tout le soin possible. Cette méthode a pour résultat non-seulement de bien enterrer la semence, mais d'écraser et de bien ameublir le sol, à peu près comme ferait un bon rouleau; la germination commence bientôt, les graines puisant leur nourriture dans l'engrais que l'on avait répandu sur la surface du sol.

Quelquefois, au lieu de semer à la volée, on sème en lignes ou rangées; mais cette pratique est beaucoup moins usitée. Ces lignes sont alors fumées avec des tourteaux pulvérisés; ces tourteaux sont le résidu de la fabrication de l'huile de graine de Coton.

Les pluies qui surviennent alors, au moment où change la mousson, rehaussent et humectent la terre, et la végétation marche avec une extrême rapidité. En général, en Chine, un grand nombre d'opérations agricoles se rattachent au changement de la mousson. Les cultivateurs savent par expérience que, lorsque les vents qui ont soufflé du nord et de l'est pendant les sept derniers mois tournent au sud et à l'ouest, l'atmosphère se charge abondamment de fluide électrique, et que les pluies tièdes qui vont survenir presque chaque jour favoriseront puissamment le développement des plantes.

Les champs de Coton sont, pendant l'été, l'objet des soins les plus assidus. On éclaircit les jeunes plants là où ils paraissént trop serrés ; on bine, on sarcle entre chaque pied ; on enlève toutes les mauvaises herbes. Si les conditions atmosphériques sont favorables, on obtient, grâce à la fertilité du sol, des produits considérables ; mais, s'il arrive que la température soit sèche du mois de juin au mois d'août, la récolte en éprouve un échec dont elle ne peut plus se relever, même en supposant qu'il survienne des pluies à partir de la dernière quinzaine d'août.

C'est ce qui a eu lieu en 1845 ; aussi la récolte a-t-elle été très-médiocre, comparée aux années ordinaires. Le printemps avait été très-favorable et la végétation donnait les plus belles espérances, lorsque survint en juin une sécheresse qui dura assez longtemps, et les Cotonniers en souffrirent à ne plus pouvoir se rétablir ; il survint ensuite des pluies abondantes, mais c'était trop tard, elles ne produisirent d'autre effet que de faire monter la plante avec une végétation foliacée considérable, mais sans amener de floraison.

Le Cotonnier est en fleur depuis le mois d'août jusqu'à la fin d'octobre, et quelquefois même en novembre quand le temps est doux ; mais alors la température froide des nuits saisit les boutons et empêche toute fructification. C'est ce qui arriva dans la nuit du 28 octobre 1844, pendant laquelle le thermomètre descendit à la glace.

Comme il y a, chaque jour, des capsules qui s'ouvrent, il importe d'y veiller et de les cueillir avec soin ; autrement elles tombent, le Coton se salit et perd nécessairement de sa valeur : aussi voit-on, l'après-midi, dans chaque plantation de Cotonniers, de petits groupes d'ouvriers qui s'en vont cueillant les capsules mûres et les rapportent à la ferme. Comme les exploitations sont, pour la plupart, de petite dimension, cette opération peut s'accomplir avec le seul concours de la famille, qui, au reste, se compose assez fréquemment de trois et même quatre générations. Chaque individu a, d'ailleurs, un intérêt dans la récolte, en ce sens que plus sa part est considérable, plus il est rémunéré, sinon en argent, au moins en objets de *comfort.*

Je n'ai pas besoin de dire qu'il y a des fermes plus étendues et dans lesquelles on est obligé d'employer des journaliers, mais c'est le petit nombre, et pour la très-grande majo-
rité le travail s'exécute, comme je viens de l'indiquer, par
les soins exclusifs des membres de la famille, y compris les
plus jeunes ; il n'y a pas jusqu'aux chèvres de la maison qui
ne prennent part à ces opérations. Ceci demande explication.

Dans chacune de ces petites fermes chinoises on entretient
quelques-uns de ces animaux, qui sont comme de la famille
et en grande faveur, surtout près des enfants. Donc, lorsque
l'on procède à la récolte du Coton, ceux-ci sont assez forts
pour enlever les capsules, mais non pour porter le sac qui
les renferme ; ils se font aider par leurs chèvres, et c'est une
chose assez curieuse de voir ces animaux les suivant avec
complaisance le sac sur le dos, s'arrêtant, comme eux, près
de chaque pied de Cotonnier, revenant ensuite à la maison
avec leur charge, et paraissant, d'ailleurs, comprendre qu'ils
travaillent pour le bien général (1).

Quelque belle apparence que présente la récolte, le cultivateur chinois ne peut jamais la considérer comme certaine
que lorsqu'elle est achevée. Les circonstances atmosphériques
de la période automnale ont une grande influence ; il importe
que cette saison soit sèche, car, si le temps devient pluvieux
lorsque les capsules commencent à s'ouvrir, elles tombent
sur le sol humecté, et dès lors, comme je l'ai déjà fait remarquer, elles sont fortement avariées.

Le Coton, une fois apporté à la maison, est placé, pendant
la journée, sur des claies de Bambou élevées de 1 mètre au-
dessus du sol, et exposé ainsi au soleil. Comme le but qu'on
se propose est d'éliminer toute l'humidité qu'il renferme,
inutile de dire qu'on n'y procède que lorsque le temps est

---

(1) Nous modifions un peu la plaisanterie de l'auteur... *Evidently
aware* that they too are working for the general good, littéralement « ayant
évidemment la conscience des services qu'ils rendent à la communauté. »

(*Note du traduct.*)

beau et sec. Chaque soir, on le retire et on le serre dans la maison ou dans un des bâtiments de la ferme. Quand il est complétement sec, on s'occupe de le séparer de la graine. Cette opération s'exécute à l'aide de la machine à égrener, bien connue, qui, au moyen de deux cylindres, fait tomber le Coton d'un côté et rejette la graine de l'autre. Le système de cet appareil est aussi simple qu'ingénieux, et répond, d'ailleurs, au but qu'on a en vue (1).

Le Coton ainsi nettoyé est envoyé au marché, et on conserve une partie de la graine pour la prochaine semaille. Le matin, dans les belles journées d'automne, on voit, sur toutes les routes conduisant à Shanghaï, de nombreuses troupes de coolies qui viennent des fermes à Coton, le bâton de Bambou sur les épaules, avec un sac rempli de Coton à chaque extrémité ; ils se rendent en hâte à la ville, pour livrer leurs charges aux marchands, qui les déposent dans de vastes magasins, d'où ces Cotons sont dirigés sur tous les points du Céleste Empire. Quelquefois ce sont les cultivateurs eux-mêmes qui ne dédaignent pas d'apporter au marché le produit de leur récolte. A cette époque de l'année, il est presque impossible de circuler dans les rues avoisinant la rivière, et où sont, en général, situés les entrepôts, tant elles sont encombrées de sacs de Coton. Les marchands qui les achètent les vident immédiatement dans leurs magasins, puis les emballent avec soin, pour les transporter à bord des jonques qui les attendent.

Avant que le Coton soit converti en fil pour être remis au tisserand, il subit une préparation qui consiste à le débarrasser des nœuds au moyen d'un instrument généralement employé dans nos possessions de l'Inde et qui est bien connu.

(1) On trouvera des détails à cet égard dans les notes à la fin du volume. *(Note du traducteur.)*

C'est tout simplement un arc élastique dont la corde, passée dans une masse de Coton placée sur une table, le soulève en se tendant fortement à l'aide du mouvement que lui imprime l'ouvrier, et, le jetant en l'air, sépare la fibre sans le briser ni le gâter le moins du monde. En même temps, l'agitation de l'air, occasionnée par la vibration de la corde, le débarrasse de la poussière et des autres impuretés qu'il pouvait renfermer.

Le Coton chinois, à la suite de ces opérations, est parfaitement net et moelleux, et, d'après l'avis de juges compétents, il est supérieur à celui de tout autre pays. Il est, dans tous les cas, d'une bien plus belle qualité que celui qu'on importe de l'Inde en Chine, et se vend constamment plus cher sur le marché.

Chaque fermier ou petit laboureur réserve une partie de sa récolte de Coton pour les besoins de la famille. Celui-là est nettoyé, filé et tissé à la maison par les femmes. Il n'est pas une des chétives habitations de ce district où le voyageur n'aperçoive le rouet et le petit métier à main qui étaient jadis en usage en Angleterre, mais qui, de nos jours, ont été remplacés par les mécaniques.

Le travail de ces métiers forme l'occupation habituelle des femmes et des jeunes filles, quelquefois même des vieillards ou des jeunes garçons qui ne sont pas encore assez forts pour les opérations culturales. Dans les familles nombreuses, dans celles où règne une activité soutenue, on fabrique une plus grande quantité de tissu que n'en réclament les besoins intérieurs. Dans ce cas, le surplus est vendu à Shanghaï ou dans les villes voisines.

Il se tient chaque matin, à l'une des portes de la ville, un marché consacré spécialement aux tissus de Coton. Le prix qu'on en retire sert à acheter du Thé ou d'autres denrées que ne produisent pas les petites fermes de ce canton.

Lorsque la récolte du Coton est entièrement terminée, les tiges sont enlevées et apportées à la maison pour servir comme combustible. Ainsi toutes les parties de cette plante

7

sont utilisées par les producteurs. Le Coton proprement dit
sert à leur fournir des étoffes pour se vêtir ou pour se procurer d'autres objets nécessaires; quant à la graine, une partie est employée aux semailles, et le reste est converti en
huile. Les tiges servent à les chauffer et à préparer leur fru-
gal repas. Les cendres mêmes et les débris de toute sorte
constituent un engrais utile, et, répandus sur le sol, viennent
favoriser de nouvelles récoltes.

CHAPITRE IX.

Culture du Riz.—Façons préparatoires.—Semis.—Plantation.— Arrosage.—
Récolte.

La profession agricole a été honorée et puissamment en-
couragée en Chine depuis les temps les plus reculés. Le cultivateur est plus haut placé dans ce pays que dans aucune
autre contrée du monde, et l'empereur lui-même, comme
on le sait, marque l'importance qu'il y attache en ouvrant
lui-même, chaque année, la saison des travaux des champs.
En qualité de *fils du ciel* et d'intermédiaire entre la divinité
et ses sujets, il consacre trois jours à un jeûne solennel, accompagné de prières; après quoi il ouvre, de ses propres
mains, la terre avec la charrue, et y sème du Riz, témoi-
gnant ainsi l'intérêt qu'il attache à cette industrie, qui fé-
conde le sol et contribue à assurer le bien-être de ces popu-
lations si agglomérées.

Toutefois il faut dire que le progrès de l'agriculture en
Chine a été singulièrement exagéré par les auteurs qui ont
écrit sur ce sujet. Le gouvernement chinois a toujours été si
jaloux des étrangers et s'est tellement opposé à ce qu'ils pé-
nétrassent dans le pays, que, d'une part, les personnes qui
auraient été le plus aptes à juger de l'état de l'industrie rurale n'ont jamais pu le visiter, tandis que, de l'autre, les
missionnaires catholiques auxquels il a été donné, à certaines

époques, de pouvoir pénétrer dans l'intérieur n'étaient nullement à même d'asseoir une opinion éclairée sur ce point. Complétement étrangers à l'art agricole, ils ignoraient nécessairement les progrès qu'il avait pu faire dans d'autres contrées.

On ne doit pas, d'ailleurs, perdre de vue que, tandis que les autres nations européennes marchaient à grands pas dans la voie du perfectionnement, les Chinois, sous ce rapport comme sous beaucoup d'autres, restaient complétement stationnaires. Dès lors on comprend quelle différence énorme doit exister, pour ce qui concerne la pratique de leur agriculture comparée à celle des autres pays, entre l'époque actuelle et celle où les auteurs qui ont écrit sur la Chine publiaient leurs ouvrages.

C'est à ces écrivains, et plus encore à ceux qui les ont copiés servilement, que doivent être attribuées les nombreuses erreurs dans lesquelles on est tombé à cet égard.

Il n'y a pas de doute que, comme nation, à un point de vue général, les Chinois ne soient supérieurs, pour les opérations agricoles comme pour certains travaux d'art, aux Indiens et à d'autres peuples à demi civilisés ; mais il serait tout à fait hors de sens de les comparer, par exemple, à nos habiles fermiers de l'Angleterre ou de l'Écosse. Autant vaudrait comparer leurs jonques, qui n'osent guère s'éloigner des rivages, à nos navires, qui sillonnent toutes les mers.

Sous la réserve de ces observations, je décrirai tout ce que j'ai pu voir et observer en fait de travaux de culture, ayant eu de fréquentes occasions, dans mes nombreuses excursions, d'examiner leurs différents procédés et de les noter dans mon journal.

Je commencerai par les provinces du Midi. Elles ont naturellement un caractère tropical et diffèrent complétement de celles du Nord tant sous le rapport du sol et du climat que sous celui des végétaux qu'on y cultive.

Le sol des parties montagneuses du midi de la Chine est ce qu'il y a de plus pauvre. On y voit des roches granitiques qui ne présentent qu'une rare végétation, et le sol proprement dit n'est qu'un composé d'argile desséchée, mélangée de débris de granit désagrégé. Ce qui contribue à entretenir le terrain dans cet état de stérilité affligeante, c'est l'habitude où l'on est de couper périodiquement les herbes et les buissons rabougris pour faire du feu. Quelquefois les gens du pays les brûlent sur place dans le but de rendre au sol un peu d'engrais ; mais cela n'ajoute rien, en définitif, à sa fertilité. En général, ces localités sont encore à l'état à peu près sauvage ; la main de l'homme n'y a rien fait et n'y pourrait rien faire. On y voit seulement, de place en place, à la base des coteaux, des portions de terre disposées en terrasse, et où l'on fait venir soit du Riz, soit des Batates douces ou autres plantes potagères ; mais ces parties cultivées sont dans une très-faible proportion avec l'immense quantité de terrains complétement improductifs.

A Amoy et dans tout le territoire qui l'environne, dépendant de la province de Fo-Kien, le sol des localités montagneuses est encore plus pauvre que dans celui de Canton. Sur les coteaux de l'île d'Amoy, le voyageur fait souvent plusieurs milles sans apercevoir même un peu d'herbe. On ne voit que masses de rochers granitiques se délitant sous l'action atmosphérique, et de l'argile rougeâtre comme calcinée. C'est là, toutefois, que semble se terminer, du côté du nord, la partie stérile de l'empire chinois. Dès que vous arrivez sur la rivière *Min*, près de Foo-Chow-Foo, vous trouvez un sol beaucoup plus fertile. La scène devient tout autre ; et ce changement n'est pas particulier à la province de Fo-Kien, il se fait remarquer également dans celle de Che-Kiang.

J'ai exploré, près de l'embouchure du Min, des montagnes d'au moins 1,000 mètres d'élévation au-dessus du niveau de la mer qui étaient cultivées jusqu'au sommet. Là le sol est une sorte de loam graveleux ; ce n'est pas encore un terrain très-riche, mais il a de la profondeur et contient une notable proportion de terre végétale ou *humus*. Il en résulte que le cultivateur chinois peut exploiter ce sol avec quelque profit. Il y a, d'ailleurs, on le concevra, des montagnes plus fertiles les unes que les autres. Dans les districts à Thé, par exemple, des deux provinces que je viens de nommer, le terrain est non-seulement de bonne qualité, mais bien supérieur à l'idée qu'on s'en forme généralement. Un des ouvrages les plus accrédités sur la Chine donne la description suivante de cette nature de sol :

« Le terrain où croît l'arbre à Thé, en Chine, est presque « entièrement composé de silice dans un état d'extrême di- « vision, soit 84 pour 100, quelques parties de carbonate de « fer et d'alumine, et seulement 1 pour 100 de matière vé- « gétale. »

Comment et sur quel point cette analyse a-t-elle été faite, je l'ignore. C'est sans doute dans quelque localité à Thé noir des environs de Canton ; ce qu'il y a de certain, c'est qu'elle ne s'applique nullement aux terres des grands districts à Thé dont j'ai fait mention.

Quoi qu'il en soit, là comme dans les districts montagneux les plus fertiles de la Chine, on aurait tort de croire, comme on l'a dit souvent, que la totalité ou la presque totalité du terrain est en rapport. C'est, au contraire, la plus grande partie qui est inculte et dont le sol n'a jamais été travaillé, et j'éprouve le besoin de bien établir ce fait pour rectifier l'opinion de beaucoup de personnes qui s'imaginent que, grâce à l'habileté et à l'industrieuse activité du peuple chinois, il n'y a pas, en Chine, un pouce de terrain perdu pour la culture. Moi-même, je dois le dire, je le croyais ainsi avant d'avoir visité ce pays ; mais je n'ai pas tardé à revenir de mon erreur.

Le sol des vallées et des plaines offre partout, du reste, sous ce rapport, des différences aussi tranchées que celui des montagnes et coteaux. Le niveau de ces plaines et vallées est généralement fort bas, souvent même au-dessous du fond des rivières et canaux. Dans la région méridionale, le sol consiste en une forte argile tenace mélangée d'un peu de sable, mais presque entièrement dépourvue d'humus. Telle est la composition de celui des territoires de Canton et de Macao, et en résumé de toutes les provinces du Sud, moins le voisinage des grandes villes, où il est nécessairement bonifié par une forte et incessante addition d'engrais.

A 50 ou 60 myriamètres au nord de Hong-Kong, en même temps qu'un changement visible se fait remarquer dans l'aspect des parties montagneuses, pareille chose a lieu pour les parties basses. Dans le district de Min, par exemple, le sol, au lieu de se composer presque en entier d'argile plastique compacte, renferme une assez considérable proportion de matière végétale. C'est un fort loam d'excellente qualité, comparable à nos meilleures terres à Blé de l'Angleterre et de l'Écosse, et pouvant produire toute espèce de récoltes. Règle générale, on a remarqué que plus le niveau de ces terres est abaissé, plus il se rapproche du terrain argileux tenace, et *vice versâ*. Ainsi je citerai, comme un exemple, les districts de Shanghaï et de Ning-Po. Le sol de ce dernier est de quelques pieds plus bas que celui du premier ; aussi renferme-t-il plus d'argile, moins d'humus, et est-il beaucoup moins fertile que le territoire de Shanghaï, où se cultive le Coton.

Le Riz, qui forme la principale base de la nourriture de la nation chinoise, est naturellement la production à laquelle on attache le plus d'importance, surtout dans le Midi, où l'on peut aisément obtenir deux récoltes successives pendant la saison chaude, indépendamment de quelques végétaux plus rustiques qui se cultivent pendant l'hiver.

Le sol est préparé au printemps pour la première récolte de Riz, aussitôt que les produits de la culture hivernale sont enlevés. La charrue, traînée par un seul buffle ou par un jeune bœuf, est un instrument simple et même grossier ; mais elle convient sans doute mieux pour cette fonction que la nôtre, qui est considérée par les Chinois comme trop lourde et trop difficile à manier (1). Le terrain a toujours été inondé

---

(1) A plusieurs reprises des charrues anglaises ont été envoyées en

avant que la charrue y passe ; il s'ensuit que ce labour consiste tout simplement à retourner une couche de boue de
18 ou 20 centimètres d'épaisseur, laquelle repose sur un lit
d'argile compacte. La charrue n'entre jamais plus avant ;
conséquemment, le laboureur et l'animal rencontrent toujours un terrain solide à cette profondeur.

Le buffle, qui, dans les provinces du Sud, est le plus généralement employé pour ce labour, se prête très-bien à ce
genre de travail, attendu qu'il se complaît dans la vase, et
qu'on en voit souvent s'y baigner et s'y vautrer sur les bords
des rivières et des canaux qui avoisinent les rizières. Il
est, sans doute, moins agréable pour le pauvre laboureur,
qui, cependant, accomplit, en général, sa besogne avec
gaieté.

Après la charrue vient la herse, destinée à briser et ameublir la terre, ou à enterrer l'engrais. Cet appareil n'est pas
armé, comme les nôtres, de longues dents verticales. Le
laboureur se place sur la herse et pèse de son poids pour
bien écraser les mottes. Ces différentes façons ont pour objet
non-seulement de diviser le terrain, mais de bien le mélan-
ger avec l'eau, de le pétrir en quelque sorte et d'en faire
une espèce de pâte.

Arrivé à ce point, il est dans les meilleures conditions pour
recevoir les jeunes plants de Riz.

Avant de procéder à l'aménagement du terrain, on sème
le Riz assez épais dans de petites pièces de terre fortement
fumées, et les jeunes pousses sont en état d'être extraites de
ces espèces de couches et repiquées en place lorsque les
façons préparatoires du sol sont terminées. Quelquefois,
avant de semer les graines de Riz, on les fait tremper, pendant un certain temps, dans un engrais liquide ; mais cette

---

Chine et offertes, même *gratis*, aux cultivateurs ; mais ils ont toujours
refusé de s'en servir. Au surplus, on trouvera dans les annexes, à la fin du
volume, une description des différentes charrues usitées en Chine.

(*Note du traducteur.*)

pratique n'est guère usitée que dans les parties méridionales de la Chine.

Les jeunes pieds sont enlevés avec soin de la couche et portés sur les pièces de terre, qui alors sont bien ameublies et recouvertes de 5 ou 6 centimètres d'eau. On les plante par petites touffes composées d'une douzaine de sujets, et en rangées espacées de 25 à 30 centimètres. Cette opération du *plantage* s'effectue avec une remarquable rapidité : un ouvrier prend une masse de pieds de Riz et en fait un tas sur la pièce à complanter ; son coup d'œil exercé le met à même de savoir, à très-peu de chose près, ce qu'il en faut pour chaque champ ; ensuite il en prend des poignées, compte dix à douze plantes, puis les place dans un trou qu'il fait en pesant sur le sol avec le poing. Aussitôt qu'il retire sa main, l'eau se précipite dans le trou, y entraîne la quantité de terre nécessaire pour recouvrir les racines, et l'ouvrier va plus loin, continuant toujours de la sorte. La plantation se trouve ainsi opérée sans autre difficulté.

Dans le Sud, la première récolte est bonne à couper à la fin de juin ou au commencement de juillet. Avant que le Riz soit arrivé à sa complète maturité, d'autres pieds, provenant des semis sur couche, sont déjà grands et prêts à être repiqués aussitôt que la même terre aura été préparée pour les recevoir d'après la méthode que nous avons indiquée plus haut. La seconde récolte se fait ordinairement dans le courant de novembre.

Sous la latitude de Ning-Po, c'est-à-dire vers le 30e degré nord, les étés sont trop courts pour que l'on puisse procéder de la même manière ; aussi les cultivateurs s'y prennent autrement afin d'obtenir deux récoltes pendant la saison chaude. Ils plantent le Riz de la seconde récolte, deux ou trois semaines après la première, en rangées parallèles disposées entre les autres.

La première plantation a lieu vers la mi-mai ; le Riz est mûr au commencement d'août. A cette époque, les rangées de la seconde récolte n'ont atteint qu'environ 25 centimètres et sont encore vertes. Dès que la première récolte est enlevée, on laboure la terre entre les rangées de la seconde, et on enterre le chaume de la première comme engrais destiné à alimenter les plants restés dans le sol ; dès lors les pieds de la seconde plantation , sous la double influence de l'air et de l'engrais, se développent rapidement, mûrissent dans de bonnes conditions, et sont bons à récolter vers la mi-novembre.

Il tombe toujours une grande quantité de pluie, lors du changement de la mousson, dans le cours du mois de mai. Cette circonstance est très-importante pour le cultivateur non-seulement en ce qui concerne sa récolte de Riz, mais aussi pour les autres opérations agricoles qui s'exécutent à cette époque de l'année.

On parle souvent de cette espèce de régularité, en quelque sorte mécanique, qui préside à tous les travaux des Chinois ; mais, en y regardant de près, on se convaincra, au moins pour ce qui tient à l'agriculture, que leurs diverses occupations sont déterminées moins par une règle de pure fantaisie que par la force des choses et les lois de la nature elle-même.

C'est en se fondant sur ces données naturelles que les agriculteurs du Céleste Empire sèment chaque année, exactement à la même époque, soit le Riz et le Coton dans les terres basses, soit les Batates sur les hauteurs. Mais cette régularité parfaite et qui ne se dément jamais n'est pas l'effet d'une ancienne routine ni du respect pour les ordonnances du gouvernement ; elle tient à ce que le laboureur chinois sait, par expérience, qu'à ce moment de l'année il survient toujours des pluies abondantes qui pénètrent la terre et saturent également l'atmosphère d'une bienfaisante humidité jusqu'à l'époque où les jeunes plants ont acquis assez de force pour s'assimiler les principes nutritifs du sol.

Pendant tout le temps de la croissance des pieds de Riz, le terrain est constamment baigné, suivant la quantité d'eau que l'on peut avoir à sa disposition. Les terrasses qui occupent le bas des coteaux reçoivent l'eau provenant des sources des montagnes plus élevées. Les champs qui sont dans le voisinage des rivières ou canaux sont irrigués par le moyen de la roue à eau, qui est en usage dans tout le pays.

Ces roues à eau sont de trois sortes. Le principe est le même pour toutes trois; la différence ne se trouve que dans le moteur qui les fait agir. Les unes sont mues à la main, d'autres avec le pied, d'autres enfin à l'aide d'un animal quelconque, soit plus généralement d'un buffle ou d'un jeune bœuf.

Le Riz est donc constamment baigné jusqu'à sa maturité, et alors l'eau ne lui est plus nécessaire. On considère comme une chose très-utile d'y donner, dans le courant de l'été, un ou deux sarclages pour enlever les mauvaises herbes.

Lorsque le Riz est mûr, on le coupe à l'aide d'un petit instrument ressemblant à notre faucille. En général, on le bat immédiatement sur le terrain même; quelquefois cependant, et surtout dans le Nord, on le met en gerbes et on le transporte à la ferme pour être battu. Au reste, c'est une remarque à faire, que, dans les provinces septentrionales de la Chine, les travaux de la culture offrent une assez grande analogie avec ce qui a lieu en Europe.

Le mode de culture en terrasse a été mentionné par la plupart des auteurs qui ont écrit sur la Chine; mais presque toujours il a été, comme beaucoup d'autres sujets, ou trop vanté, ou injustement déprécié. Il m'a paru, d'après tout ce que j'ai vu, que c'est sur les coteaux qui bordent la rivière de *Min*, près de Foo-Chow-Foo, que ce système est le plus habilement pratiqué. En naviguant sur cette rivière, on aperçoit cette quantité de terrasses s'élevant les unes sur les autres comme autant de gradins sur les flancs des montagnes, quelquefois jusqu'à une hauteur de 2 à 300 mètres.

Lorsque la récolte du Riz ou des autres plantes est encore peu avancée, ces terrasses sont toutes revêtues d'une luxuriante verdure, et semblent autant de jardins suspendus dont l'aspect riant tranche sur la triste nudité des montagnes.

Le système de la culture en terrasses a été adopté par les Chinois soit pour favoriser l'irrigation qui leur est si nécessaire, soit pour empêcher les fortes pluies de déchausser les plantes et d'entraîner toute la terre végétale dans le fond des vallées. Aussi voit-on presque partout, sur les pentes de ces montagnes, de ces espèces de terrasses non pas aussi régulières et aussi nivelées que celles où l'on cultive le Riz ou les Batates, mais qui sont destinées à arrêter la force des eaux pluviales dans leur descente rapide et à prévenir la dégradation du sol.

Le Riz n'est cultivé que sur les terrasses qui occupent le bas des coteaux; on a toujours soin d'y amener, par dérivation, l'eau de quelque source et de la faire couler sur toute la surface. Lorsqu'elle a atteint une hauteur de $0^m,8$ ou $0^m,10$, ce qui est suffisant pour le Riz, on fait écouler le surplus, dans la terrasse au-dessous, par une ouverture pratiquée à cet effet, et ainsi de suite jusqu'à la dernière; et enfin, lorsque les tiges du Riz commencent à prendre cette teinte jaunâtre qui annonce qu'elles approchent de leur maturité (when the crops assume a yellow ripening hue), on laisse écouler toute l'eau dans un canal inférieur.

Ces sources, on doit le concevoir, constituent la richesse des agriculteurs des régions montagneuses, et, comme elles viennent toujours des points culminants, il est facile de leur donner la direction que l'on veut pour l'arrosage successif des différentes récoltes.

Aucune des opérations rurales ne plaît autant aux cultivateurs chinois que ces travaux de dérivation et de conduite des eaux à travers les différentes cultures. Dans le cours des explorations agronomiques et horticoles, ils appelaient souvent mon attention sur ce point, et je ne pouvais leur causer un plus grand plaisir que de leur exprimer combien j'appréciais leur habileté dans la pratique de ce système d'irrigation.

Du reste, ils ne l'appliquent pas seulement à la culture du Riz et de certaines plantes potagères, ils l'emploient également pour les plantations. Je me souviens qu'à une certaine époque, ayant fait planter des arbres de haut jet et des arbustes dans le jardin de M. Dent et comp., à Hong-Kong, je leur fis d'abord donner un copieux arrosage, et je donnai l'ordre au jardinier de recommencer le lendemain matin. Je ne fus pas peu surpris, en m'y rendant deux jours après, de trouver un petit cours d'eau divisé en plusieurs rigoles qui serpentaient au milieu des pieds nouvellement plantés. Je m'informai, et je sus que le jardinier avait dérivé une source provenant d'une colline voisine, ce qui lui avait paru plus facile et plus commode que de transporter à plusieurs reprises, pendant un certain temps, les tonneaux d'eau nécessaires à cet arrosage, et ce qui, de plus, était sans doute meilleur pour le but qu'on voulait atteindre.

CHAPITRE X.

Sériciculture. — Mûriers. — Récolte des feuilles. — Éducation.

Dans le nord de la Chine, sur ma route, de la ville tartare de Chapao, dans le Che-Kiang, à Shanghaï, je traversai un district essentiellement séricicole, où le Mûrier forme la principale culture. Les habitants étaient alors (18 mai) très-affairés à cueillir les feuilles pour nourrir leurs vers.

Les Mûriers sont tous greffés et donnent, en grande quantité, de très-belles feuilles. Dans le but de déterminer à quelle variété ils appartiennent et s'ils diffèrent de ceux qui sont cultivés en Europe au point de vue de la sériciculture, je m'en procurai un pied, qui est maintenant en Angleterre, où il a bien prospéré. Il n'est pas cependant encore assez développé pour pouvoir fournir des éléments suffisants d'appréciation. Une chose seulement est certaine, c'est que la soie de ce district est la plus belle de la Chine. Quant à savoir si cette qualité supérieure tient à la variété de Mûrier, au sol, au climat ou à toute autre circonstance, c'est ce qui est encore en question.

Si, d'après l'examen du sujet dont je viens de parler, il était reconnu que c'est une variété autre que celles que l'on possède en Europe, il serait d'un grand intérêt de chercher à l'y introduire, surtout en Italie; car il est reconnu que la soie de Chine est beaucoup plus pesante que celle d'Italie, et qu'elle convient parfaitement pour les fabrications qui requièrent du lustre et du nerf.

Les arbres ou plutôt les arbustes (Mûriers à basse tige) sont plantés en rangées; on choisit de préférence les bords des canaux, et on ne les laisse pas s'élever à plus de 5 ou 6 pieds anglais (1ᵐ,50 ou 1ᵐ,80) (1).

Les travailleurs se servent, pour la récolte, de forts ciseaux, à l'aide desquels ils coupent les jeunes pousses près de la tige; ces jeunes branches sont dépouillées de leurs feuilles soit sur place, soit à la ferme. Ces mêmes arbres, qui, avant l'opération, couverts d'un vigoureux feuillage, présentaient une belle et fraîche végétation, offrent alors l'aspect le plus triste et ressemblent assez à des arbres morts; mais bientôt, grâce aux pluies abondantes et à la fertilité du sol, ils reprennent une nouvelle vie. Les gens du pays apportent, d'ailleurs, un soin extrême à travailler la terre au pied des arbres aussitôt après l'enlèvement des bourgeons.

---

(1) On élève dans la province de Che-Kiang, l'une des plus importantes de la Chine, une quantité prodigieuse de vers à soie; des plaines entières sont couvertes de Mûriers dont on a soin d'arrêter la croissance; on les plante et on les taille à peu près comme les Vignes. Une longue expérience a convaincu les Chinois que ce sont les feuilles des plus petits Mûriers qui procurent la meilleure soie. La principale branche du commerce de cette province consiste donc en étoffes de soie; celles que l'on y fabrique, et auxquelles on mêle l'or et l'argent, sont les plus belles et les plus estimées de tout l'Empire. Quant aux autres pièces plus communes, on en transporte dans toute la Chine, au Japon, aux Philippines et en Europe une quantité considérable, et, malgré cette exportation, il en reste encore assez dans la province pour qu'un habillement complet n'excède pas le prix que se vendent en France les étoffes les plus ordinaires.

On fabrique à Ning-Po des soies extrêmement estimées dans les pays étrangers, et surtout au Japon, où les Chinois vont les échanger pour du cuivre, de l'or et de l'argent. — Ch. Gutzlaff, *China opened* (la Chine explorée, *Londres*, 1838), 2ᵉ vol., p. 276 et 292.

Les fermes séricicoles sont, en général, de très-peu d'é-
tendue et n'ont d'autres travailleurs que le fermier et sa famille. Ce personnel suffit non-seulement à la culture et à la
greffe des Mûriers, mais à la cueillette des feuilles, à l'édu-
cation des vers et au dévidage des cocons.

En voyageant dans ce district, j'ai eu occasion d'examiner
un assez grand nombre de ces petites exploitations séri-
gènes ; je puis donc en parler en témoin oculaire.

Les éducations se font ordinairement dans des pièces assez
obscures, garnies de tablettes superposées depuis le bas jusqu'en haut. Les vers sont tenus et nourris dans des espèces
de paniers peu profonds, de forme ronde, ou plutôt de cribles en Bambous placés sur ces tablettes, de manière que
chaque panier puisse être enlevé et inspecté facilement.

Ces pauvres gens éprouvaient une grande surprise à voir
un étranger qui visitait ainsi leurs chambrées, et beaucoup
d'entre eux s'imaginaient que je voulais dérober leurs vers.
Dans chaque village que je traversais, on m'assurait qu'on
n'y élevait pas de vers à soie, bien que les débris de branches et de feuilles de Mûriers étendus devant les habitations
m'assurassent du contraire, et on s'empressait de m'indiquer
une autre partie du district où je ne manquerais pas, me di-
sait-on, d'en trouver. Cependant je dois dire que, avant que
j'eusse quitté le pays, j'avais gagné leur confiance, et qu'ils
me faisaient voir volontiers leurs petites magnaneries.

TROISIÈME SECTION.

Fragments agricoles et horticoles.

CHAPITRE XI.

Description de Hong-Kong. — Productions végétales. — Climat.

Bien que j'eusse souvent entendu parler de la stérilité et de la nudité des collines de cette partie de la Chine (1), j'avoue que la réalité a dépassé mes prévisions. Vues de la mer, les pentes de ces coteaux paraissent complétement grillées par le soleil, et ne présentent à l'œil, sur toute leur surface, que des roches de granit et d'argile rougeâtre. On n'y voit que des arbres rabougris, qu'on emploie généralement comme combustible et qui ne pourraient servir à d'autres usages. Une espèce de Pin (*Pinus sinensis*) semble défendre sa vie contre les fâcheuses conditions dans lesquelles il est placé, et, par suite de l'habitude où sont les gens du pays d'en couper fréquemment des branches pour le feu, il reste constamment chétif et mal conformé.

Est-ce donc là, me disais-je, ce pays de Camélias, d'Azaléas, de Roses dont on parle en Angleterre? Quel contraste entre cette terre désolée et nue et les belles collines, les magnifiques vallées de Java que je venais de parcourir tout récemment! Dans cette île, où la nature est si prodigue, du rivage de la mer jusqu'au sommet des montagnes, s'étalent les

---

(1) Dans son premier voyage, le 6 juillet 1843, M. Fortune abordait en Chine, près de Canton. Il retrace ainsi ses premières impressions.

(*Note du traducteur.*)

trésors de la plus riche végétation, et, soit que le soleil se lève sur cette belle scène, soit qu'il l'éclaire de ses derniers rayons, on ne peut se lasser de contempler un si admirable tableau.

. . . .

Hong-Kong est une des principales îles existant à l'entrée de la rivière de Canton. Elle a environ 8 milles anglais (près de 13 kilomètres) de longueur sur 6 milles au plus (9^k.600) de largeur. Ses contours sont, du reste, fort irréguliers. Le sol en est presque exclusivement montagneux, offrant une quantité de ravins et de rochers qui s'abaissent de tous côtés vers la mer. Ces ravins renferment une quantité de sources dont l'eau est très-renommée, ce qui a fait donner à l'île ce nom de *Hong-Kong* ou plutôt de *Heang-Keang*, île des bonnes eaux, ou, littéralement, *sources parfumées*. Pendant la saison des pluies, ces petits cours d'eau se gonflent rapidement et deviennent autant de torrents qui entraînent tout sur leur passage.

D'après cette description, on comprendra qu'il y a très-peu de terrains susceptibles de culture. La seule partie qui soit dans ce cas est un petit vallon nommé Wang-Nai-Chang, et que les Anglais avaient appelé *l'Heureuse vallée*, à environ 4 kilomètres de la ville : il ne se compose guère que de 8 ou 10 hectares. Il y a encore, de place en place, dans le bas des coteaux, quelques pièces de terre cultivées et quelques terrasses, mais d'une minime étendue.

Autrefois les naturels du pays cultivaient le Riz et quelques légumes dans le Wang-Nai-Chang ; mais, comme l'endroit était malsain, le gouvernement impérial, attribuant l'insalubrité au séjour de l'eau dans les rizières, défendit toute espèce de culture.......

Le climat de Hong-Kong est peu agréable ; il paraît, d'ailleurs, assez peu favorable à la santé des Européens qui y résident, et même à celle des indigènes. Pendant les mois de juillet et d'août, les plus chauds de l'année, le maximum de chaleur indiqué par mon thermomètre de Fahrenheit a été de

94° (34° 44 centigrades), et le minimum de 80° (26° 67 cent.).
Dans l'hiver, le thermomètre descend quelquefois à glace,
mais rarement. Même au milieu de l'hiver, quand le soleil
paraît, il est presque impossible de sortir sans un parasol; et
ceux qui s'y hasardent portent souvent la peine de leur im-
prudence. L'air est alors étouffant, et on ne trouve nulle
part un abri pour se garantir des rayons brûlants du soleil.

Quelquefois, au contraire, le vent tourne subitement au
nord et devient si froid, qu'on est obligé de faire du feu. Au
total, pendant tout le cours de l'année, on y est exposé à de
fréquentes et brusques variations de température.

La botanique de l'île présente un véritable intérêt; elle
en offrait, du moins, il y a quelques années, alors que les
plantes qui lui sont spéciales étaient moins connues qu'elles
ne sont aujourd'hui. Les plus remarquables, sans aucun
doute, dans la flore de Hong-Kong, sont les diverses espèces
de *Lagerstrœmia*. Il y a, entre autres, deux ou trois variétés
à magnifiques fleurs rouges, blanches et violettes, qui sont,
à proprement parler, l'Aubépine de la Chine, et qui surpas-
sent même en beauté les plus jolies variétés de cette gracieuse famille.

J'ai trouvé fréquemment le *Lagerstrœmia* à l'état sauvage
sur le bord de la mer. Un peu plus haut, j'ai pu observer
l'*Ixora coccinea* croissant par milliers dans les fentes des rochers, et dont les corolles écarlates resplendissent éclatantes
sous le soleil de Hong-Kong. Du reste, on trouve en quantité,
dans ces ravins, des Fougères et des plantes grimpantes, mais
qui n'ont aucun intérêt au point de vue de l'agrément. Je
dois cependant citer exceptionnellement la *Chirita sinensis*,
très-jolie plante à fleurs lilas ressemblant à la Digitale et qui
croît sous les rochers. J'en ai envoyé à la Société d'horticulture de Londres, et elle commence à se répandre en Angleterre.

Une remarque assez digne d'intérêt ressort de l'examen
des productions végétales de Hong-Kong, c'est que les plantes
les plus belles se trouvent à 4 ou 500 mètres d'élévation. Dans

8

les provinces du nord de la Chine, et notamment dans les parties montagneuses, près de Ning-Po, les mêmes plantes ont leur habitat à une élévation beaucoup moindre, et sur les hauteurs on ne trouve guère que certaines graminées, des Roses sauvages, des Violettes.

Ceci sert à prouver à quel point les plantes modifient leurs habitudes suivant les climats, choisissant un habitat plus ou moins élevé suivant que la contrée est placée sous une latitude plus ou moins froide. Ainsi les *Azalea* couvrent ici les pentes des montagnes à 5 ou 600 mètres au-dessus du niveau de la mer, tandis qu'au-dessous de cette limite vous n'en trouvez plus trace.

Il en est de même du *Polyspora axillaris* (1) et d'une autre plante, peut-être la plus belle entre toutes, dont les Chinois sont grands admirateurs, l'*Enkyanthus reticulatus* (2). Elle fleurit en février ou mars, c'est-à-dire à peu près vers le renouvellement de leur année, et, lorsque cette époque arrive, ils en décorent leurs maisons. Ils enlèvent les branches un peu avant la floraison et les placent dans l'eau. Les fleurs ne tardent pas à s'épanouir, et se conservent, pendant plus de quinze jours, aussi fraîches et aussi belles que si la plante était restée en terre avec ses racines. Les sommets de ces montagnes sont couverts aussi, pendant l'été et l'automne, d'*Arundina sinensis* (orchidées), de *Spathoglottis Fortuni*.

Le *Pinus sinensis* est, comme je l'ai dit, assez commun à Hong-Kong, comme, au reste, sur tout le littoral de la Chine. Le *Cunninghamia sinensis* s'y voit rarement, bien qu'il abonde sur la terre ferme. L'arbre à suif y vient naturellement, mais les habitants de Hong-Kong n'utilisent pas son fruit. On y voit aussi en assez grande quantité diverses variétés de Figuier. Il en est une, notamment le *Ficus nitida*, qui affecte quelquefois une forme très-élégante. Plusieurs espèces de Bambou y

---

(1) Camellia à fleurs axillaires (*Camellia axillaris*), Royb.—*Polyspora axillaris*, Sweet.
(2) De la famille des Éricées.

croissent et paraissent s'y plaire; elles forment parfois, et dans certaines situations données, un très-bel ornement pour le paysage.

. . . .

Je quittai Hong-Kong le 23 août, et je fis voile pour Amoy. Les collines du littoral de ce district sont plus nues et plus stériles qu'aucune de celles que je me rappelle avoir vues en Chine. Elles sont formées de roches de grès très-dur et n'offrent aucune trace de végétation. Elles varient en hauteur de 100 à 400 mètres au-dessus du niveau de la mer. Le terrain s'abaisse vers l'intérieur du pays et devient aussi plus fertile ; on y récolte du Riz, des Batates, des Châtaignes, et une grande quantité de Gingembre et de sucre.

En face de la ville d'Amoy se trouve la petite île de Koo-Lung-Soo, dont la longueur n'excède pas 3 ou 4 kilomètres. A l'aspect des coteaux incultes et des rocs décharnés dont l'île est parsemée, je ne m'attendais pas à être très-heureux dans mes recherches botaniques. Cependant je pus remarquer que ses productions végétales ont un caractère tropical encore plus marqué qu'à Canton. Dans les jardins on trouve quelques jolis arbrisseaux, mais la plupart bien connus, tels que le *Jasminum sambac* (1), l'*Olea fragrans*, le Rosier de Chine, les *Chrysanthemum* et plusieurs espèces communes.

Dans quelques haies et dans les fentes des rochers croît en abondance une plante grimpante assez jolie, mais dont l'odeur est très-désagréable, le *Pœderia fœtida*. J'y ai trouvé aussi quelques jolies Roses à petites fleurs doubles, mais sans odeur. J'en ai envoyé des spécimens au jardin de la Société d'horticulture, à Chiswick.

Les oiseaux sont rares, et cela se conçoit, attendu qu'il n'y a aucun ombrage. Une petite espèce de *mina* à ailes blanches s'y tient cependant en bandes assez nombreuses. Les corbeaux à collier blanc y sont assez communs, ainsi que le Milan de l'Inde et quelques espèces d'alcyons.

_____

(1) Jasmin d'Arabie.

CHAPITRE XII.

Description de l'île de Chusan et de la plaine de Ning-Po. — Botanique. — Sol. — Agriculture. — Plantes textiles. — Arbre à suif. — Procédé d'extraction du suif. — Éclosion artificielle d'œufs de canard. — Le cormoran pêcheur.

A la fin de septembre, je quittai Amoy et me dirigeai vers le canal de Formosa, pour me rendre aux îles de Chusan, à Ning-Po et à Shanghaï.

A mesure que nous approchions de Chusan, j'étais frappé de l'aspect tout différent du pays. A peine débarqué, jetant les yeux autour de moi et examinant l'état de la végétation, je reconnus que je trouverais là, enfin, le moyen de remplir avec succès la mission dont j'étais chargé. Ce n'étaient plus ces rochers pauvres et stériles dont l'aspect m'avait tant affligé. Partout mes yeux rencontraient des terres cultivées, une riche végétation, des arbres et arbrisseaux variés.

Chusan est une grande et belle île de 3 ou 4 myriamètres de longueur sur 2 environ dans sa plus grande largeur ; elle offre une succession de collines, de vallées ouvertes et de petits vallons qui lui donnent un air de ressemblance avec nos *higlands* d'Écosse. A l'entrée de chaque vallée, un chemin tracé dans la montagne permet aux habitants de visiter facilement l'intérieur de l'île.

Pendant l'espace de deux années, à partir de novembre 1845, j'ai eu occasion de visiter Chusan à plusieurs reprises et à différentes époques de l'année. J'ai pu, en conséquence, acquérir une connaissance exacte du sol, du climat et des productions de cette île.

Le terrain des coteaux est un loam graveleux assez léger, mais de bonne qualité. Dans les vallées, il est plus compacte et contient plus de matière végétale, étant, d'ailleurs, fréquemment arrosé. Ce sont cependant des roches granitiques semblables à celles des montagnes de la région plus méridionale dont je viens de parler, et, bien qu'elles soient aujourd'hui recouvertes d'une couche arable et de plantes cultivées, il est probable qu'à une époque plus ancienne elles offraient un aspect aussi nu et la même stérilité que celles de Hong-Kong ou d'Amoy.

Tous les coteaux et toutes les vallées sont en culture. Le Riz est la principale récolte des vallées. Les Batates sont cultivées de préférence sur les coteaux. Cependant, au printemps et au commencement de l'été, on y récolte aussi du Blé, de l'Orge, des Fèves, du Maïs, les terres basses consacrées au Riz étant, en général, trop humides pour ces diverses cultures.

Il y a aussi, à Chusan, des plantations de Cotonniers, mais en petit nombre, seulement pour fournir aux besoins de la famille, et non comme récolte commerciale. Il n'en est pas de même de l'*Urtica nivea* (1), qui s'y trouve à la fois à l'état sauvage et en culture. Cette plante y atteint, en général, 1 mètre ou 1^m,20 de hauteur. Ses fibres corticales donnent une filasse très-forte, que les habitants vendent pour la fabrication des câbles et cordages. La plante donne, en outre, m'a-t-on dit, une fibre plus fine, employée pour la confection du tissu nommé *grass-cloth* (2).

---

(1) *China grass.*

(2) Presque toutes les plantes textiles sont désignées, en Chine, sous le terme générique de *Ma*. Nous trouvons dans les documents du ministère de l'agriculture, commerce extérieur (*faits commerciaux*, 1845, n° 9), la note suivante :

« Les échantillons du tissu chinois hia-pou, connu en anglais sous la dénomination impropre de *grass-cloth*, forment une série de huit qualités, depuis 30 fr. la pièce de 36 mètres jusqu'à 98 ou 100 fr. — Ce tissu est fabriqué avec les filaments d'une plante appelée *Ma*, dont la plus grande hauteur est de 2 mètres. Elle est cultivée en grand à Laou-Tchaou, province de Kiang-Si, et croît surtout dans les terrains humides.—Il y a, dit-en, trois choix de filaments : le premier provient de l'enveloppe extérieure de la plante, le deuxième de la couche fibreuse suivante, et le troisième d'un dernier tégument. Plus on pénètre dans l'intérieur de la plante, plus la qualité du filament devient mauvaise. »

On trouvera, au surplus, dans les annexes, à la fin du volume, des renseignements plus détaillés sur le Grass-cloth et sur les plantes qui fournissent des tissus analogues.　　　　　　　(*Note du traducteur.*)

On obtient aussi une forte filasse de l'*écorce* d'une sorte de Palmier que l'on cultive sur les coteaux de Chusan et dans toutes les localités analogues de la province de Che-Kiang.

Ces produits conviennent bien, sans doute, pour l'emploi qu'on leur donne. Toutefois il est bon de remarquer que les cordages faits avec le chanvre de Manille leur sont bien supérieurs en force et en durée. Les habitants font, avec l'écorce de ce même Palmier, ce qu'ils appellent un *so-e*, une espèce de vêtement de feuilles, y compris le chapeau, et qu'ils portent pendant l'hiver. Ce costume, tout grotesque qu'il peut paraître à un Européen, les garantit très-bien de la pluie et du vent.

Dans les provinces méridionales, ce même ajustement se fait avec les feuilles de Bambou ou d'autres végétaux à larges feuilles.

J'ai dit que le Riz formait la principale culture des vallées de Chusan. Lorsque la seconde récolte a été enlevée, la terre est immédiatement préparée pour recevoir quelques récoltes vertes plus rustiques, telles que le Trèfle, le *Brassica sinensis*, et d'autres variétés du genre *Brassica*.

On sème le Trèfle sur des sillons très-élevés pour le garantir de l'eau, qui, pendant l'hiver, baigne souvent les vallées. Lorsque je le vis pour la première fois à Chusan, je ne me rendais pas bien compte de ce qu'on en pouvait faire, car les Chinois n'élèvent guère de bétail, et le peu qu'ils en ont trouve sa subsistance le long des routes et sur certaines parties incultes des montagnes. J'appris alors que cette plante est cultivée seulement pour engrais. Il arrive quelquefois aussi que les habitants cueillent les plus belles feuilles du Trèfle avant qu'il atteigne sa maturité et en composent un aliment.

Quant à la plante à huile, *Brassica sinensis*, sa graine

atteint sa maturité vers le commencement de mai. Cette plante est l'objet d'une culture très-étendue, non-seulement dans cette partie de la Chine, mais dans tout le Che-Kiang et dans le Kiang-Soo, et l'huile qui en provient donne lieu à un commerce considérable.

La petite charrue à bœufs et la roue à eau mue à la main (1) sont ici les deux principaux appareils employés dans les exploitations rurales. Le premier semble un instrument grossier, mais il accomplit bien sa fonction, et convient peut-être mieux aux Chinois dans l'état de leur agriculture que des charrues mieux conditionnées; quant à la roue à eau, elle produit, sans beaucoup de difficulté, une immense quantité d'eau qui se distribue en peu de temps dans les rizières. Je me suis souvent arrêté pour contempler et je puis dire pour admirer le travail de cette machine, qui réunit la simplicité et l'utilité.

La flore de Chusan et, en général, de toute cette partie du Che-Kiang diffère, comme on peut le supposer, de celle des provinces méridionales. Presque toutes les plantes tropicales disparaissent pour faire place à celles des zones tempérées. C'est là que je vis pour la première fois la *Glycine sinensis;* je la trouvai à l'état sauvage sur les coteaux. Ses tiges flexibles et ses rameaux en fleurs grimpent au milieu des haies et des arbres, ou pendent en gracieux festons le long des routes étroites qui serpentent sur les flancs des montagnes.

Le *Ficus nitida,* si commun dans le midi autour des maisons et des temples, est ici inconnu. Beaucoup d'autres genres très-remarquables par leur beauté, et qui, dans le sud de la Chine, occupent le sommet des montagnes, choisissent

_____

(1) Voir ce qui est dit de cette roue à l'article de la *Culture du Riz,* page 102. (*Note du traducteur.*)

ici des positions moins élevées; je citerai surtout les *Azalea*, qui abondent sur les pentes inférieures des coteaux de Chusan.

Beaucoup de personnes ont admiré, dans nos expositions horticoles, des collections de cette plante, dont quelques individus exceptionnels pouvaient même l'emporter en beauté sur ceux de la Chine, mais il est impossible de se faire une idée du coup d'œil magnifique que présentent à perte de vue ces coteaux, couverts littéralement et comme vêtus (*Azalea clad mountains*) d'*Azalea* étalant des masses de fleurs d'une fraîcheur et d'un éclat inexprimables.

Et ce ne sont pas seulement les *Azalea* qui charment la vue; les Clématites, les Roses sauvages, les Chèvrefeuilles, les Glycines et cent autres plantes ajoutent encore à la beauté du tableau par la variété, et fournissent la preuve de ce qu'on a dit souvent, « que la Chine est le pays des fleurs. »

On trouve aussi en assez grande quantité, sur ces mêmes montagnes, différentes espèces de Myrtacées et d'Éricacées, mais point de Bruyère, et je suis porté à croire que ce genre n'existe pas dans cette partie de la Chine.

On y voit beaucoup de *Laurus camphora* (Camphriers), mais on n'en retire pas de Camphre, ou du moins on n'en exporte pas hors de l'île. L'arbre à Thé (*Thea viridis*) y est cultivé partout; mais, sauf une très-faible exportation, qui a lieu, chaque année, vers Ning-Po ou les villes environnantes, ses produits servent exclusivement à la consommation de l'île. Chaque habitant a sur sa ferme une petite plantation dont il prend le plus grand soin, mais aucun d'eux ne songe à la cultiver sur une plus grande échelle, et en résumé je crois qu'ils ont raison. Bien que les pieds de Thé, cultivés en petit nombre et avec des soins particuliers, soient en assez bon état, ils ne présentent pas, à beaucoup près, la végétation vigoureuse des districts à Thé que j'ai parcourus. Il est donc très-douteux que des plantations plus étendues pussent être profitables, le sol n'étant pas assez bon pour cet arbuste.

Les forêts, consistant principalement en Bambous de diverses variétés, ont un aspect pittoresque et un caractère tropical ; je ne connais rien, pour mon compte, de plus gracieux que le Bambou jaune avec sa tige lisse, droite et élancée, surmontée d'un bouquet de feuilles agitées doucement par la brise.

Le Pin, que j'avais déjà rencontré dans le Sud, est commun aussi à Chusan ; il semble faire exception à la loi générale des végétaux, en ce sens qu'il ne paraît affecté par aucune latitude, et qu'on le trouve dans toutes les parties de l'empire chinois. Ici existe aussi en abondance une variété de Pin, le *Cunninghamia sinensis*, qui, au contraire, est plus rare dans les provinces du Sud, plusieurs espèces de Cyprès, le Genévrier. Ces deux derniers arbres sont placés surtout autour des tombes des gens riches, lesquelles sont disséminées çà et là dans les vallées et sur les pentes des montagnes.

Chusan est assez pauvre en fruits ; tous ceux qu'on trouve, en été, sur les marchés de Tinghae, sa capitale, Pêches, Raisins, Poires, Prunes, Oranges, etc., proviennent de la terre ferme. L'île possède cependant deux espèces de fruits excellents ; le premier, nommé *yang-mai*, est un fruit rouge ressemblant assez à celui de l'Arbousier ou à la Fraise, mais renfermant un noyau comme la Prune ; l'autre est le *kumquat*. L'arbre qui·le produit est une espèce de Citronnier nain ; son fruit ovale approche assez de la forme d'une Groseille à maquereau ; la pulpe en est fortement acide. On en fait des conserves qui servent à des cadeaux de famille au renouvellement de l'année. On en envoie de grandes quantités à Canton. Ce fruit, confit dans le sucre d'après la méthode du pays, est un excellent manger.

Le kum-quat croît abondamment sur tous les coteaux de Chusan ; c'est un arbuste de 1 mètre à 1 1/2 mètre de haut qui forme buisson, et, lorsqu'il est couvert de ses fruits d'un rouge orangé, il est d'un joli aspect.

L'arbre à suif est très-commun dans les vallées du Chusan, et l'on retire de ses fruits de grandes quantités de suif et d'huile (1). Des usines sont établies, pour cette fabrication, sur plusieurs points de l'île. Je décrirai ici le procédé d'extraction, dont je dois la communication à l'obligeance du docteur Rawes, qui a résidé un certain temps dans l'île de Chusan.

Les graines sont recueillies au commencement de l'hiver, soit en novembre ou décembre, époque où l'arbre est complétement dégarni de ses feuilles. J'ai vu faire cette récolte un jour que j'étais en chasse à à Singkong, dans la vallée de Soh-Hoo, à peu de distance du lieu où j'habitais. On coupe les rameaux que l'on apporte à la ferme, et c'est là seulement qu'on détache les graines. On en remplit une espèce de boîte cylindrique en bois, ouverte à l'une de ses extrémités, et percée de quelques trous à la partie opposée. Cette boîte est alors introduite dans un vase en fer de 18 à 20 centimètres de profondeur, et ayant seulement un peu plus de

---

(1) STILLINGIA PORTE-SUIF. — *Stillingia sebifera*, Willd. — *Croton sebiferum*, Linn.

Feuilles pétiolées, ovales-rhomboïdales, longuement acuminées, dentées, biglanduleuses à la base.

Arbre ayant le port d'un Cerisier. Écorce blanche, lisse. Rameaux longs, flexibles. Feuilles semblables à celles du Peuplier noir. Capsules dures, glabres, brunes, à côtes arrondies. Graines presque hémisphériques, enduites d'une substance cireuse.

Le *Stillingia porte-suif* est indigène en Chine, où il porte le nom d'*U-Kien-Mu*. Chez nous, on l'appelle vulgairement *arbre à suif*. Cet arbre est d'une grande utilité pour les Chinois. La matière dont ses graines sont enduites leur sert à faire des chandelles, qui sont d'une extrême blancheur. On exprime, en outre, des graines de ce *Stillingia* une huile à brûler d'une bonne qualité.

Cet arbre est aujourd'hui complétement naturalisé sur les côtes de la Géorgie et des Carolines; mais Elliot observe qu'on n'en tire aucun parti. On le cultive aussi en plein air dans les jardins botaniques des départements du Midi, et il mériterait d'être multiplié, à cause de l'élégance de son port. — ED. SPACH, *Hist. nat. des végétaux*, t. II, p. 523.

M. Hedde, dans son rapport au ministère de l'agriculture, à la suite de la mission en Chine, le désigne sous le nom d'*arbre à cire*. Voici sa note à ce sujet :

« Arbre à cire (*Stillingia sebifera*) qui se distingue par son feuillage « vert et rouge, et dont les fruits, à trois balles rondes, fournissent cette « cire végétale dont on fait tant d'usage en Chine. » (*Note du traduct.*)

diamètre que le cylindre en bois. Cet appareil, placé sur un fourneau, contient de l'eau qui est bientôt chauffée, de sorte que la vapeur, pénétrant dans les graines, les amollit et facilite la séparation du suif.

J'ai vu un de ces fourneaux qui supportait une rangée de cinq ou six de ces bassines en fer : il avait environ 1 mètre de haut sur 1^m,20 ou 1^m,30 de large, et 2^m,50 à 3 mètres de long. Le foyer, disposé à l'une des extrémités, était alimenté avec de la balle de Riz, des broussailles et autres menus combustibles produisant un feu clair, dont la chaleur se communiquait à toute la rangée des bassines.

Lorsque les graines ont été exposées à l'action de la vapeur pendant dix ou quinze minutes, on les vide dans un mortier en pierre, et deux hommes les battent doucement avec des marteaux ou pilons également en pierre, afin de détacher tout le suif des autres parties qui constituent la semence. On les place alors dans des espèces de cribles chauffés en dessous; puis elles sont criblées, et cette dernière opération permet, en général, d'obtenir tout le suif que la plante peut fournir. Cependant il arrive quelquefois qu'on passe les graines à la vapeur une seconde fois pour rendre l'extraction plus complète.

Le résidu est ensuite pilé et pressé, et on en retire de l'huile.

Le suif ainsi obtenu ressemble assez à une farine grossière de graine de Lin; sa teinte brune est due à une enveloppe très-mince qui recouvre la graine, et qui se brise et se détache dans l'opération du broyage et du criblage. On le met alors dans un tuyau ou cylindre formé d'anneaux de paille tressée au nombre de cinq ou six, superposés.

Lorsque ce cylindre est plein, on le met sous presse. Cette presse est un appareil assez simple et même grossier, mais qui, comme tous les ustensiles des Chinois, répond bien au but qu'on se propose. Elle est composée de deux grosses poutres placées longitudinalement sur une forte planche à 0^m,40 ou 0^m,50 l'une de l'autre, formant ainsi une espèce d'auge reliée en fer. Le suif est comprimé, et poussé par des coins qu'on enfonce de force à l'aide de maillets de pierre. Il coule alors par un trou pratiqué au fond de la presse et tombe dans un tube destiné à lui servir de récipient. Arrivé à ce point, il est parfaitement propre et d'une belle couleur blanche. Il est à demi-liquide, mais il ne tarde pas à se solidifier, et dans les temps froids il est assez cassant.

L'intérieur du tube qui reçoit le suif est humecté, puis saupoudré d'une terre rouge, réduite en poussière, d'une extrême ténuité, pour empêcher la matière d'adhérer aux parois. La matière, dès qu'elle est devenue solide, est extraite du tube et portée en cet état sur le marché. Comme les chandelles qu'on fabrique avec ce suif végétal sont sujettes à s'amollir et même à se liquéfier dans les temps chauds, on les plonge, pour leur donner plus de consistance, dans de la cire de diverses couleurs, rouge-verte ou jaune. Celles qui sont destinées aux cérémonies religieuses sont, en général, de plus grande dimension et richement ornées de caractères d'or.

Le tourteau ou marc restant dans la presse après l'extraction du suif sert comme combustible ou comme engrais. Il en est de même du marc ou résidu des graines dont on a extrait l'huile.

Éclosion artificielle d'œufs de canard. — Une des notabilités de Chusan est un habitant fort âgé qui, chaque année, à l'époque du printemps, fait éclore des milliers d'œufs de canard par la chaleur artificielle. Son établissement est situé dans une vallée au nord de Tinghae, et attire constamment un grand nombre de visiteurs.

La première question qu'on fait à un étranger, c'est de lui demander s'il connaît l'établissement d'éclosion artificielle, et, dans le cas de la négative, on l'engage fortement à ne pas manquer d'aller le visiter.

Je m'y rendis par une belle matinée de mai, et j'arrivai en peu de temps à la demeure de ce brave homme, qui me reçut avec toutes les formes de la politesse chinoise, m'offrant le Thé et la pipe ; je le remerciai de son offre sans l'accepter, et lui témoignai le désir de visiter de suite son établissement.

Le bâtiment d'éclosion attenant à la maison n'était, à proprement parler, qu'une espèce de hangar couvert en chaume, avec des murs en terre. A l'une des extrémités et par terre, le long d'un des murs, étaient rangés un assez grand nombre de paniers en paille, enduits, extérieurement, d'une forte couche de terre pour les garantir de l'action du feu, et ayant un couvercle mobile de la même matière. Au fond de chaque panier est placée une forte tuile, ou, pour mieux dire, c'est la tuile elle-même qui forme le fond. C'est sur elle que le feu agit, chaque panier étant placé sur un petit fourneau. Le couvercle, qui ferme hermétiquement, est maintenu sur le panier pendant tout le temps que dure l'opération.

Au centre du bâtiment sont disposées des tablettes destinées à recevoir les œufs à un certain moment donné.

Lorsque les œufs sont apportés à l'établissement, ils sont immédiatement placés dans les paniers, et on allume les fourneaux. On a soin d'entretenir, autant que possible, une chaleur toujours à peu près égale, et que je crois pouvoir évaluer, d'après quelques observations que je fis à l'aide d'un thermomètre dont je m'étais muni, de 95 à 102° Fahrenheit (35 à 38° 89 centigrades). Toutefois, comme les Chinois n'apprécient et ne règlent la chaleur que d'après leurs propres impressions, il est facile de supposer que celle-ci est sujette à certaines variations.

Lorsque les œufs ont été soumis pendant quatre ou cinq jours à cette température, on les retire pour les vérifier. Cette vérification se fait d'une manière assez singulière. Une des portes du bâtiment est percée de quelques trous de la dimension d'un œuf de canard. Les ouvriers présentent les œufs un à un à ces ouvertures, et, les considérant à travers le jour, ils jugent s'ils sont bons ou non.

Ceux qui sont clairs sont mis de côté. Les autres sont replacés dans les paniers et soumis de nouveau à l'action du feu. Au bout de neuf à dix jours, soit, conséquemment, quatorze ou quinze jours à partir du commencement de l'opération, on les retire et on les place sur les tablettes. Là ils sont seulement recouverts d'une pièce d'étoffe de coton, sous laquelle ils restent encore quinze jours, au bout duquel temps les jeunes canards crèvent leurs coquilles.

Ces tablettes sont fort larges; elles peuvent recevoir plusieurs milliers d'œufs, et l'on juge que, lorsque l'éclosion a lieu, ce doit être une chose assez curieuse à voir.

Ceux des habitants qui se livrent à l'élève du canard savent, à point nommé, l'époque de l'éclosion. Deux jours ne se passent pas sans qu'ils viennent faire leurs approvisionnements, et en très-peu de temps le bonhomme est débarrassé de toute cette progéniture nouvelle.

La plaine au milieu de laquelle est située la ville de Ning-Po est d'une étendue d'environ 5 ou 6 myriamètres dans tous les sens. Elle est entourée d'un cercle de petites montagnes qui s'ouvrent cependant à l'est, vers la mer, du côté de la ville de Chinhae, laquelle sert de port à Ning-Po. Du sommet de ces montagnes on jouit d'une vue admirable. Elles descendent en amphithéâtre jusqu'à cette vaste plaine, sillonnée par des canaux et par plusieurs rivières qui y forment de nombreux détours.

Ces cours d'eau fournissent aux indigènes de grandes facilités pour faire arriver à Ning-Po les produits agricoles et leurs marchandises, qui de là sont transportées à Hang-Chow-Foo, et ensuite envoyées à l'étranger. Le Riz est la principale récolte des terres basses de cette région pour la saison d'été. La plante à huile (*Brassica sinensis*) est cultivée sur une grande échelle, dans les mêmes terres, pendant l'hiver et le printemps, la graine étant parvenue à maturité à l'époque où l'on s'occupe de semer le Riz pour la première récolte. On y fait aussi beaucoup de Trèfle, et dans le même but que j'ai indiqué plus haut, c'est-à-dire comme engrais. En résumé, la production agricole de ces plaines et des coteaux qui les entourent est la même que celle de Chusan, dont j'ai déjà donné le détail.

La flore naturelle des montagnes, au nord de Ning-Po, est aussi à peu près la même que celle de Chusan et des îles voisines, mais plus riche. C'est une particularité à noter qu'en Chine les produits du règne animal et du règne végétal sont toujours plus nombreux proportionnellement sur la terre ferme que dans les îles, bien qu'il y en ait de fort étendues, et que souvent elles ne soient séparées du continent que par un étroit canal.

C'est là que j'ai trouvé pour la première fois, à l'état sauvage, le bel *Azalea sinensis* à fleurs jaunes. Ces coteaux sont plus stériles et plus nus que ceux du reste de la province, et on n'y voit qu'un très-petit nombre d'arbres d'une certaine dimension. Ils offrent, d'ailleurs, des différences assez sensibles avec ceux que j'ai trouvés à quelques milles au sud de Ning-Po, et que je décrirai ci-après.

Pêche. — On prend journellement, dans la rivière au-dessus de Ning-Po, d'immenses quantités de poisson. L'ayant un jour descendue en barque jusqu'à une certaine distance de la ville, j'aperçus quelques centaines de bateaux à l'ancre, montés chacun de deux ou trois hommes, et, la marée remontant juste au même moment, je les vis bientôt se mettre tous en mouvement avec une activité extraordinaire. Lorsqu'ils furent arrivés à un certain endroit de la rivière qui, probablement, était favorable à leurs projets, ils se mirent tous à jeter leurs filets, puis à crier et à faire un bruit effrayant, sans doute dans le but d'y pousser le poisson. Au bout d'un quart d'heure, ils les retirèrent, quittèrent la place et remontèrent un peu plus haut, recommençant la même cérémonie, et cela à plusieurs reprises, remontant toujours à mesure que la marée avançait; puis, enfin, je les vis débarquer avec leur charge et emporter tout leur poisson pour le marché du lendemain.

Les Chinois ont un autre mode de pêche, que j'ai vu pratiquer souvent, surtout dans les provinces du Nord, et qui est un peu plus curieux que celui dont je viens de parler. Toute personne ayant quelques notions sur la Chine sait que le poisson abonde dans toutes les rivières du Nord. Il y a plus, c'est que tous les étangs et les lacs en fourmillent. Je ne fus pas peu surpris lorsque je vis, pour la première fois, un pêcheur dans l'exercice de sa fonction. C'est un être amphibie dans toute la force du terme. Il est complétement nu et nage autant qu'il marche ; il élève ses bras au-dessus de la tête et se met à battre l'eau de toute sa force, en clappotant avec un grand bruit. Cette manœuvre a pour but d'effrayer le poisson qui se précipite au fond. Les pieds du pêcheur, qui sont dans la vase, ne restent pas oisifs ; ils servent à l'avertir de la présence d'un poisson. A l'instant, notre homme plonge et disparaît ; puis vous le voyez revenir à la surface, se frottant d'une main les yeux et la face ruisselante, de l'autre tenant le poisson dont il s'est emparé. Il le dépose dans un panier placé sur le bateau, et reprend la même besogne.

Mais, de toutes les méthodes dont les Chinois font usage pour prendre le poisson, la plus curieuse est, sans contredit, celle qui consiste à employer comme auxiliaire une espèce de cormoran qu'il appellent, pour ce motif, *cormoran pêcheur*. Celui-ci est vraiment un oiseau prodigieux. Je l'ai souvent vu fonctionner sur les rivières et sur les lacs, et, si je n'avais été à même de me convaincre de son extrême docilité, je n'aurais jamais pu ajouter foi à ce que certains auteurs ont écrit sur son compte.

La première fois que j'en fus témoin, c'était sur un canal, à peu de distance de Ning-Po. Nous aperçûmes deux petits bateaux montés chacun d'un seul homme ayant avec lui un certain nombre de cormorans. Je donnai l'ordre à mes bateliers de serrer la voile, et nous restâmes immobiles quelque temps pour examiner ce qui allait se passer. Les oiseaux se tenaient perchés sur le bord des bateaux, et il me parut qu'on était arrivé à l'endroit marqué pour la pêche et qu'on se disposait à commencer les opérations. Chacun des deux hommes à bord fit un signal à ses cormorans, et ceux-ci, parfaitement dressés qu'ils étaient, s'élancèrent à l'instant sur l'eau et se dispersèrent sur toute la surface du canal à la recherche du poisson.

Ces oiseaux ont des yeux vifs d'un vert clair brillant, et ils sont doués d'une admirable aptitude à apercevoir le poisson, à se précipiter sur lui. Le poisson une fois tombé sous le regard du cormoran ne peut plus lui échapper ; celui-ci le saisit avec une étonnante promptitude, et reparaît aussitôt à la surface de l'eau. Dès que l'homme du bateau l'aperçoit, il l'appelle avec un cri particulier, et l'oiseau, dressé comme un chien de chasse, revient, en nageant, près de son maître et lui rapporte sa proie ; il rejette lui-même sa capture dans le panier destiné à le recevoir, et retourne à son travail. Il y a quelque chose de plus singulier encore : s'il arrive qu'un cormoran a capturé un poisson d'une dimension telle qu'il aurait de la peine à le rapporter seul, ses compagnons, témoins de son embarras, viennent à son aide ; ils unissent leurs efforts, et parviennent ainsi à remorquer le prisonnier jusqu'au bateau.

Pendant l'espèce de chasse nautique dont j'étais témoin, il se trouvait quelquefois qu'un de ces oiseaux, par paresse ou par gaîté, s'amusait à nager à droite et à gauche sans penser à son affaire. Alors le batelier, armé d'une longue perche de bambou qui lui sert aussi pour manœuvrer la barque, frappait fortement l'eau du côté du délinquant sans le toucher, mais en le grondant fortement d'une voix courroucée. A l'instant, comme l'écolier pris en faute, le cormoran cessait de jouer, se remettait à la besogne et pourchassait le poisson tout de plus belle. Une petite natte est passée autour du cou de l'oiseau pour l'empêcher d'avaler le poisson qu'il vient de prendre ; elle est disposée avec pré-

9

caution, de manière à ne pas descendre trop bas, ce qui pourrait l'étrangler.

Après avoir vu pour la première fois travailler ces cormorans pêcheurs sur le canal de Ning-Po, j'eus quelques occasions d'en revoir dans d'autres parties de la Chine, notamment dans tout le pays entre Hang-Chow-Foo et Shanghaï. J'en trouvai aussi en grand nombre sur la rivière Min, près de Foo-Chow-Foo. Je désirais vivement pouvoir m'en procurer quelques spécimens vivants pour les rapporter en Angleterre. Ayant éprouvé d'assez grandes difficultés, parce que d'une part leurs possesseurs ne voulaient pas s'en séparer, et de l'autre que ces oiseaux viennent d'une partie de la Chine où aucun Anglais n'a jamais pénétré, je réclamai l'assistance de notre consul à Shanghaï. Il employa, pour cette mission, un Chinois attaché au consulat, et qui m'en procura deux couples.

Mais, par suite de plusieurs accidents de mer, je ne pus les conserver vivants pour les rapporter en Angleterre, comme je le désirais (1).

---

(1) La mer, les rivières, les canaux et les lacs alimentent, par leur poisson, une grande partie de la nation chinoise.

On évalue à quelques millions le nombre des individus qui vivent sur les rivières ou le long des côtes dans des bateaux ; or la plus grande partie de cette population trouve son principal moyen d'existence dans la pêche, qui fournit, en outre, une nourriture abondante aux habitants des villes et des villages de la côte. Tout le monde jouit du droit de pêcher dans les rivières, droit que l'on exerce avec une industrie remarquable et avec des moyens plus nombreux, plus ingénieux et plus perfectionnés que dans aucun autre pays. On prend les poissons à l'hameçon, à l'émérillon, au harpon, au filet, au piége, enfin même avec des cormorans dressés à les rapporter à leur maître.

On en entretient aussi beaucoup dans les étangs.

Les poissons les plus communs sur les marchés des divers ports, et notamment sur ceux de Canton, sont la perche, la sole, la carpe, le mulet, la truite, l'anguille, le mandarin, l'esturgeon, le hareng, le goujon et le maquereau. Le poisson salé est un grand article de commerce pour la Chine. — Hedde, *Voyage en Chine*, tome II, page 59.

CHAPITRE XIII.

Sol et productions du territoire de Shanghaï.—Retour à Canton.—Végétaux
de cette contrée. — Jardins de *Fa-Tee.*

Au point de vue agricole, la plaine de Shanghaï est, sans
aucun doute, la partie la plus riche de toute la Chine, et peut-
être sa fertilité n'a-t-elle d'égale dans aucun pays du monde ;
on peut dire que c'est un beau et grand jardin. Les collines
les plus rapprochées de Shanghaï en sont à 5 myriamètres environ ; encore paraissent-elles ne former qu'un accident de
terrain dans cette vaste plaine, et leur élévation ne dépasse
pas, d'ailleurs, une centaine de mètres. De leur sommet, par
un temps clair, j'ai pu apercevoir fort loin, à l'horizon,
d'autres collines, qui paraissent également être des points
isolés. J'ai su, depuis, qu'elles étaient à peu de distance de
Chapoo. Tout le reste du pays est absolument plat.

Le sol est un riche loam très-profond qui produit de belles
récoltes de Blé, d'Orge, de Riz, de Coton, outre une grande
quantité de légumes de toute espèce, Choux, Navets, Carottes,
Ignames, Aubergines (egg plants) (1), Concombres, etc., etc.,
qui sont cultivés surtout aux abords de la ville. Le terrain,
quoique plat, est généralement beaucoup plus élevé que les
vallées et même que la plaine du territoire de Ning-Po. Il
convient, en conséquence, très-bien pour la production du
Coton, qui en est la récolte capitale. Cette contrée est, de fait,
le grand centre de production du Coton *nankin,* dont on
envoie d'immenses quantités par bateau dans les provinces
du nord et du sud de la Chine et dans toutes les îles du littoral. Ainsi ce district produit à la fois et le Coton blanc et la
variété à Coton jaune ou jaunâtre dont on fabrique le tissu
nommé nankin (2).

_____

(1) **SOLANUM AUBERGINE.** — *Solanum melongena*, Linn.—Blackw. herb.
tab., 149. — *Solanum esculentum* et *Solanum ovigerum*, Dunal.

(2) Pour la complète intelligence de ce passage il ne faut pas perdre de

Non-seulement, comme je viens de le dire, le sol de cette province est d'une fécondité remarquable, mais l'agriculture y paraît plus avancée, et se rapproche plus de la nôtre que celle d'aucune des autres parties de la Chine que j'ai visitées. Ainsi on voit, dans les fermes de ce pays, des meules régulièrement construites et recouvertes en chaume comme on en fait en Angleterre. La terre y est labourée en sillons, avec des rigoles d'écoulement, comme dans la Grande-Bretagne, et si ce n'étaient les plantations de Bambous, le costume des habitants et leurs longues queues, on pourrait se croire sur les bords de la Tamise.

Un tel pays ne pouvait pas m'offrir un champ d'exploration bien riche pour mes recherches de botanique. On y voit, il est vrai, de nombreux massifs de Bambous, notamment aux abords des villages et des fermes; mais c'est là à peu près le seul type de végétation *tropicale* qu'on y rencontre, au moins au point de vue de l'arboriculture.

J'ai déjà mentionné les bouquets de Cyprès et de Pins que l'on trouve près des tombes des habitants riches, lesquelles sont disséminées sur toute la surface du pays et lui donnent un aspect des plus pittoresques.

Au nombre de ces derniers arbres, j'ai aperçu, pour la première fois en Chine, le beau *Cryptomeria japonica*, sorte de Pin qui diffère des Araucarias de l'île de Norfolk (1) et du Brésil. Lorsque cet arbre est dans de bonnes conditions de végétation, il est d'un très-bel effet comme arbre d'ornement. Il s'élance droit comme le Pin laricio, envoyant à droite et à gauche de nombreuses branches qui partent horizontalement du tronc, et s'inclinent ensuite avec grâce vers le sol à la ma-

---

vue que la variété de Coton nommée Coton nankin ou de Nankin est une variété *blanche* qui ne sert pas pour la fabrication du nankin. Ce tissu est fabriqué avec la variété à Coton jaune. Voir, au surplus, le chapitre spécial du Coton, page 89.   (*Note du traducteur.*)

(1) Petite île de l'Australie anglaise dont le sol est d'une extrême fertilité.

nière du Saule pleureur. Son bois, d'un grain très-serré et entrelacé, est très-fort et d'une grande durée.

Cet arbre est très-estimé des Chinois, qui, à raison de la beauté de son bois et de sa tige parfaitement droite, s'en servent assez souvent pour faire les espèces de mâts dont ils ornent la façade de leurs maisons et de leurs temples. On en fait aussi beaucoup de cas au Japon. Les premières graines et les premiers sujets que j'aie pu obtenir de ce bel arbre provenaient des environs de Shanghaï. Je les fis passer au jardin de la Société d'horticulture, à Chiswick, où ils arrivèrent à très-bon port. Il y a tout lieu d'espérer qu'ils pourront se faire à notre climat (1), et dès lors ils prendront un rang distingué dans nos richesses forestières.

Le seul arbre d'une très-grande dimension que j'aie trouvé dans ce district est le *Salisburia adiantifolia*, vulgairement appelé *Maiden-Hair* (2), à cause de sa ressemblance avec une Fougère du même nom. Les Chinois aiment particulièrement à en faire des arbres nains; aussi le voit-on souvent à cet état dans leurs jardins. Son fruit, qui se vend sur les marchés de toutes les villes chinoises sous le nom de « Pa-Kwo, » ressemble assez à nos amandes sèches, si ce n'est qu'il est d'une couleur plus claire, de forme plus arrondie, et contient une plus grosse amande. Les Chinois paraissent en faire beaucoup de cas, tandis que les Européens le dédaignent.

Le Saule pleureur, qui paraît être le même que le nôtre, se voit très-communément sur le bord des canaux et rivières, et dans les jardins. Il y a aussi une espèce d'Orme, mais qui n'atteint jamais une grande dimension, et n'est que peu estimée. . . . .
. . . .

Le trait suivant donnera une idée des ruses mercantiles des Chinois. Un peintre de fleurs, que j'avais rencontré à Chu-

---

(1) C'est ce qui est aujourd'hui acquis par l'expérience des dernières années. (Note de 1847.)

(2) Littéralement , *cheveux de jeune fille.*

son, m'avait informé qu'on trouvait dans les jardins près de Shanghaï plusieurs variétés très-remarquables de *Pæonia Moutan*. Les diverses variétés de cette plante apportées, chaque année, des provinces du nord à Canton, et qui sont maintenant communes en Europe, ont des fleurs roses ou blanches ; mais on m'avait assuré, et jusque-là j'en avais douté, que dans certaines parties de la Chine il y en avait à fleurs pourpres, bleues et jaunes, qu'on n'envoyait jamais au marché de Canton.

C'est donc sur ce point que je désirais être renseigné d'une manière précise, et mon peintre chusanais non-seulement m'affirma en avoir vu, mais me proposa, moyennant une faible somme, de me dessiner de mémoire ces différentes variétés. J'acceptai son offre, et j'emportai ces dessins à Shanghaï.

Je les montrai à un pépiniériste de cette ville qui tenait une boutique de fleurs, et qui s'engagea à m'en procurer ; mais il me fit observer que ces plantes revenaient fort cher, attendu qu'on n'en trouvait pas aux environs de Shanghaï, qu'il fallait les envoyer chercher à Soo-Chow, c'est-à-dire à plus de 100 milles (16 myriamètres), et que l'homme qu'il enverrait serait absent au moins huit jours.

J'étais trop satisfait de trouver mes variétés désirées pour ne pas adhérer à ses conditions, la somme demandée n'étant pas d'ailleurs exorbitante dans la supposition qu'il fallût faire le voyage de Soo-Chow.

A l'époque indiquée, les *Pæonia* arrivèrent, et je vis qu'en effet c'étaient des variétés très-dignes d'intérêt, et qui se seraient payées fort cher en Angleterre. Il y en avait à fleurs lilas, pourpres, presque noires, et enfin une que les Chinois appellent jaune, bien qu'elle soit presque entièrement blanche, avec une légère teinte jaune au centre des pétales.

En résumé, la collection était des plus remarquables, et j'étais très-satisfait de mon acquisition. Mais quelle fut ma surprise lorsque, quelques jours plus tard, j'appris que ces mêmes variétés existaient à quelques milles de Shanghaï, et en fournissent à la ville de Soo-Chow !

Ce fut pendant l'hiver que je visitai Shanghaï pour la première fois, aussi trouvai-je naturellement très-peu de plantes en fleur, à l'exception des Chrysanthemum, dont on trouve ici de nombreuses variétés aussi bien que dans le sud de la Chine ; et, comme les jardiniers chinois s'entendent parfaitement à les soigner, j'en pus voir de magnifiques collections.

Mes recherches portaient principalement sur les plantes annuelles dont il était alors impossible de reconnaître et de déterminer les véritables caractères. Je tirai mes inductions à cet égard en partie de la famille à laquelle chacune d'elles appartenait, en partie aussi des indications fournies par les jardiniers eux-mêmes. Au reste, quiconque connaît la botanique sait que sur de telles données on peut encore se faire une idée assez exacte d'une plante quelconque. Pour mon compte, je trouvai plus tard que presque toutes mes prévisions s'étaient réalisées, et qu'un grand nombre des plantes que j'avais choisies étaient d'une beauté et d'une valeur remarquables.

La rivière de Canton forme dans ses ramifications multipliées un grand nombre d'îles ; on y cultive beaucoup de Riz, aussi bien que sur les parties basses et plates de la terre ferme. La marée est contenue par des digues qui rendent l'irrigation facile.

Dans les endroits où le terrain, très-élevé, n'est pas accessible à la marée, on se sert, pour l'arrosage, de la roue à eau dont j'ai déjà parlé. On cultive aussi, dans quelques parties, la Canne à sucre.

Les arbres fruitiers du pays croissent en abondance dans les îles et sur les bords de la rivière, notamment le Manguier, le Goyavier, le Wangpee (*Cookia punctata*), le Li-Tchi (1) : on y trouve aussi des Orangers, des Cyprès, des

---

(1) **DIMOCARPUS LICHI.** — *Dimocarpus foliis pinnatis, baccis cordatis, squamosis*, Lour., *Flora cochinch.*, page 287 (*Euphoria litchi*, Desf.).

On trouve, dans les provinces de Fou-Kien, de Kouan-Ton et de Kouan-Si,

Thuyas; le *Ficus nitida* et plusieurs autres espèces de Figuier; un Pin que les Chinois nomment *Pin aquatique*, attendu qu'il ne croît que sur les bords des rivières ou des canaux; le Bambou; un Saule qui offre une grande ressemblance avec notre Saule pleureur, et auquel les Chinois don-

---

une espèce de fruit inconnu partout ailleurs et qui est propre à ces seules provinces méridionales de la Chine; c'est le *Li-Tchi*, le plus délicieux des fruits de cet empire et même du monde entier, si l'on s'en rapporte au goût et au jugement des Chinois.

L'arbre qui donne le fruit qu'on appelle *Li-Tchi* s'élève à la hauteur d'environ 18 pieds; ses branches s'étendent horizontalement de tous côtés; son bois est blanc, tendre, et contient une moelle assez abondante; l'écorce des rameaux est pointillée; les feuilles sont alternes, ailées avec impaire, composées de sept à neuf folioles ovales, entières, lancéolées, glabres des deux côtés, plus luisantes en dessus qu'en dessous, marquées d'une forte nervure longitudinale et portées sur de courts pétioles. La fleur est très-petite, munie d'un calice plus petit encore, à cinq divisions très-peu sensibles, et velue en dehors; la corolle, composée de cinq pétales, renferme huit étamines, dont les filaments très-courts soutiennent chacun une anthère ovale, formée de deux loges qui s'ouvrent en quatre pans. Les fleurs, réunies en panicule lâche, ornent l'extrémité des rameaux.

Le fruit, arrondi en cœur, est de la grosseur d'une Datte; son noyau, qui est noir, long et fort dur, est recouvert d'une pulpe molle, aqueuse, d'un goût exquis, et qui est de la couleur d'un Raisin qu'on aurait dépouillé de sa peau. Cette chair est contenue dans une écorce chagrinée en dehors, lisse en dedans, très-mince et un peu ferme. Ces fruits croissent aux extrémités des branches, en grappes lâches et diffuses, auxquelles ils tiennent par de longs pédoncules. Ils sont d'abord verdâtres; mais, en atteignant leur maturité, ils se revêtent d'une couleur de pourpre très-éclatante. Ils passent pour être très-sains, puisqu'on en donne aux malades; mais ils incommodent quand on en mange beaucoup. On assure que ce fruit est si chaud, qu'il fait sortir des furoncles par tout le corps. Les Chinois le laissent sécher dans l'écorce même, où il devient noir et ridé comme nos pruneaux; ils en mangent ainsi toute l'année.

L'observation suivante doit être faite par ceux qui veulent goûter ce fruit dans sa parfaite bonté : s'il est parfaitement mûr et qu'on diffère un jour de le cueillir, il change de couleur; si on laisse passer un second jour à le cueillir, on s'aperçoit, au goût, de son changement; enfin, si l'on attend le troisième jour, l'altération devient très-sensible. Pour que ces fruits ne perdent rien ni de leur parfum ni de leur saveur, ils doivent être mangés dans les provinces mêmes où ils croissent. Eût-on le secret de les conserver et de les transporter frais en Europe, comme on y en a transporté de

nent le nom de *Saule soupirant* (Sighing-Villow), expression qui se rapproche beaucoup de la nôtre et prouve que, comme nous, ce peuple voit dans cet arbre un emblème de tristesse.

Sur les bords de la rivière, au delà et en deçà de la ville, se trouvent des quantités de Lotiers, Lis d'eau (*water Lily*) ou *Lotus*, dans des espaces de terrains endigués comme les champs de Riz. Les Lotiers sont cultivés à la fois comme plantes d'ornement et pour leurs racines, que les Chinois aiment beaucoup. En été et en automne, quand ces plantes sont en fleur, elles offrent, en effet, un aspect assez agréable ; mais, pendant les autres saisons de l'année, les feuilles et les fleurs fanées, et l'eau fangeuse dans laquelle elles séjournent, forment un assez triste coup d'œil pour les habitations voisines.

---

secs, on ne pourrait encore juger que très-imparfaitement de leur bonté. Les *Li-Tchi* qu'on envoie à Pékin pour l'empereur et qu'on renferme dans des vases d'étain pleins d'eau-de-vie, où l'on mêle du miel et d'autres ingrédients, conservent, à la vérité, une apparence de fraîcheur ; mais ils perdent beaucoup de leur saveur. Pour faire goûter à ce prince toute la délicatesse de ce fruit, on a quelquefois transporté les arbres même qui le produisent enfermés dans des caisses, et les mesures étaient si bien prises, que, lorsqu'on arrivait à Pékin, le fruit était près de sa maturité.

Cette rare espèce d'arbre, par les soins de M. Poivre, a été transportée de la Chine à l'île de France, d'où elle a passé à Cayenne. Une lettre écrite de cette dernière colonie, le 10 juillet 1801, par M. Martin, directeur des pépinières nationales, semble annoncer que le jeune plant qu'on y a reçu a prospéré : « Nous possédons actuellement, dit-il, trois plants de *Li-Tchi*; « j'en ai placé un dans l'habitation des Épiceries. Ils vont bientôt me four- « nir de nouvelles marcottes, et j'espère que, dans six mois, nous aurons « doublé ce nombre. »

M. Ceré écrivait aussi de l'île de France : « Le *Li-Tchi* venu de graines « ne rapporte qu'à huit ou neuf ans ; il le fait à trois ou quatre ans quand « il vient de marcotte. Au bout de trois ou quatre mois, les marcottes sont « déjà assez enracinées pour qu'elles puissent être transplantées ; de sorte « que cet arbre venant facilement, on peut le multiplier à l'infini. » (*De la Chine*, par l'abbé Grosier, 1819, t. II, p. 475.)

Un des fruits particuliers à la Chine est le Li-Tchi, qui, soit à l'état frais, soit lorsqu'il est sec, a un goût fort agréable ; toutefois il a peu de pulpe, le noyau ayant beaucoup de volume. Cet arbre a été naturalisé au Bengale, où le fruit est encore meilleur qu'en Chine. (Gutzlaff, *China opened* [*la Chine explorée*], 1838, t. Iᵉʳ, p. 48.)

Je ne pouvais manquer d'aller visiter, près de Canton, les célèbres jardins de Fa-Tee, d'où a été extraite la plus grande partie des belles plantes qui font aujourd'hui l'ornement des serres et des jardins de l'Angleterre : ils sont situés à 4 ou 5 kilomètres au-dessus de la ville, de l'autre côté de la rivière, et sont, de fait, la pépinière qui alimente tout le commerce de fleurs du Céleste Empire.

C'est là que je pus observer le véritable système des jardins chinois, dont on a tant parlé dans les différents auteurs qui ont écrit sur ce pays; j'en donnerai donc une description aussi détaillée que possible.

Les plantes sont, en général, placées dans de grands pots disposés en ligne au bord de petits sentiers pavés. On ne peut pénétrer dans chaque compartiment ou jardin qu'en traversant la maison du jardinier, placée à l'entrée. Le même habitant possède dix ou douze de ces jardins plus ou moins vastes, selon sa fortune et l'étendue de son commerce horticole, mais plus petits, en général, que la plus restreinte de nos pépinières de Londres.

Il y a aussi des carrés de pleine terre où sont placés un certain nombre d'arbres ou arbustes, et c'est là qu'ils pratiquent leurs procédés de fabrication d'arbres nains, tortus et difformes. Ces massifs renferment de larges collections de Camélias, d'Azaléas, d'Orangers, de Rosiers et autres plantes bien connues, dont les gens du pays viennent s'approvisionner.

Celle qui attire le plus l'attention pendant les mois d'automne est leur singulier Citronnier (*Fingered*) (1), que les Chinois recherchent beaucoup, qu'ils placent dans leurs maisons et sur les autels de leurs temples. Il est particulièrement prisé à cause de la forme assez bizarre de son fruit, mais surtout à cause du parfum qu'il exhale. On y voit aussi beaucoup d'Orangers mandarins tenus à l'état d'arbuste nain; ils portent d'immenses quantités de fleurs et de fruits : ceux-ci sont très-gros, aplatis, et ont la peau d'un rouge vif.

---

(1) Citronnier à fruits digités.

Du reste, les Chinois possèdent un grand nombre de plantes appartenant à la tribu des Orangers, notamment le *Kum-Quat*, dont le fruit sert à faire d'excellentes conserves (1). En automne, les *Murraya exotica*, les *Aglia odorata*, les Ixora et les Lagerstrœmia forment un très-bel ornement; mais c'est naturellement, au printemps, que les jardins de Fa-Tee brillent de tout leur éclat. A cette époque, on y voit les Pæonia *Moutan* (Pivoines en arbre), les Azalea, les Camellia, les Roses et une infinité d'autres plantes. Les Azalea, notamment, sont admirables et rappellent nos exhibitions de Chiswick, avec cette différence que celles de Fa-Tee sont sur une bien plus grande échelle. Chaque jardin n'est, à vrai dire, qu'une masse de fleurs, dont les nuances variées forment l'effet le plus gracieux. L'air est parfumé, aux environs, surtout par l'*Olea fragrans* et par le *Magnolia fuscata*, deux plantes dont on cultive en ce lieu de grandes masses.

Les arbres nains, présentant les formes les plus bizarres et les plus grotesques, y occupent aussi une place considérable. Les plantes qui viennent immédiatement après les arbres nains dans l'estime des Chinois, c'est-à-dire au point de vue de leur importance commerciale, sont les Chrysanthemum, auxquels ils accordent leurs soins les plus soutenus et les plus intelligents.

L'affection du peuple chinois pour cette fleur est poussée à ce point, qu'il est tel jardinier qui en cultive beaucoup plus que son maître ne le voudrait et qui préfère perdre sa place que de renoncer à sa plante chérie. J'ai su que feu M. Beale disait souvent qu'il n'avait pas une grande sympathie pour les Chrysanthemum, mais qu'il n'en cultivait dans ses jardins que pour plaire à son jardinier.

Les Pivoines en arbre ne sont pas originaires du midi de la Chine; elles y sont transportées, en grande quantité, chaque année, des provinces du nord, vers le mois de janvier. Elles fleurissent peu après leur arrivée, et sont aussitôt enle-

---

(1) Voir ce qui est dit de cet arbuste et de son fruit, page 121.

vées par les Chinois, qui en parent leurs maisons. Lorsque la fleur est passée, on s'en débarrasse, car elles ne se plaisent pas autant, à beaucoup près, sous la latitude de Canton et de Macao que dans le Nord, où elles fleurissent une seconde fois. Leur valeur vénale est en proportion du nombre de boutons à fleur que porte chaque pied, et il y en a qui atteignent des prix très-élevés.

En remontant la rivière pour me rendre à *Fa-Tee gardens*, j'avais rencontré un grand nombre de bateaux chargés de branches de Pêcher et de Prunier en fleur, d'*Enkianthus quinqueflorus*, de Camellia, de Magnolia et autres fleurs de la saison.

Les Jonquilles communes sont aussi fort recherchées. En parcourant les rues de Canton, on en voit par milliers dans des vases remplis d'eau, dont l'aspect donne une idée du goût prononcé de ce peuple pour les monstruosités. Les bulbes sont plantées sens dessus dessous, et on s'ingénie à faire prendre à la plante ces formes tortillées et baroques qui plaisent tant à l'œil des Chinois.

Des masses de ces fleurs si étrangement défigurées sont exposées en vente dans les boutiques de Canton et même aux coins des rues, et les acheteurs les enlèvent avec empressement. Non-seulement on en décore les temples et les maisons, mais les bateaux en sont chargés. Au surplus, ces bateaux, comme on le sait, sont de véritables maisons flottantes, car une grande partie de la population de Canton vit sur la rivière, et à l'époque surtout du renouvellement de l'année c'est un spectacle des plus gracieux et des plus animés que ces bateaux littéralement couverts de fleurs, dont les nuances se mêlent à celles des drapeaux et banderoles de toutes couleurs dont ils sont ornés.

CHAPITRE XIV.

Climat de la Chine. — Été et hiver. — Température de Hong-Kong. — Température de Shanghaï. — Moussons, typhons. — Leur influence sur la végétation. — Pluies et sécheresses.

Pour se faire une idée exacte de l'agriculture de la Chine, il est indispensable d'en connaître la climatologie.

Les domaines de l'empereur s'étendent sur 23 degrés de latitude, du 18ᵉ au 41ᵉ de latitude nord et du 98ᵉ au 123ᵉ de longitude est ; ils renferment donc à la fois, dans leur vaste étendue, des régions tropicales et des contrées tempérées.

Placée à l'est de l'immense continent asiatique, dont elle forme une partie notable, la Chine est exposée à des extrêmes opposés de température (excessive chaleur en été, froid des plus intenses en hiver) inconnus dans certains pays situés sous les mêmes latitudes. Un des auteurs les plus estimés de ceux qui ont écrit sur la Chine, Davis, s'exprime ainsi à ce sujet :

« Bien que Pékin soit à près d'un degré plus au sud que Naples (la première de ces deux villes étant par 39° 54′ et la seconde par 40° 50′), sa température moyenne est seulement de 54° Fahr. (12°,2 centigrades), tandis que celle de Naples est de 63° (17°,2 centigrades). Il faut ajouter que pendant l'hiver le thermomètre descend à Pékin beaucoup plus bas qu'à Naples, et monte un peu plus haut pendant l'été. Les rivières, dit-on, y sont gelées pendant trois ou quatre mois de l'année, de décembre à mars ; et pendant la dernière ambassade, en 1816, on a noté une élévation de température de 90° à 100° Fahr. (de 32° à 38 centigrades) à l'ombre. Or on sait parfaitement qu'à Naples, aussi bien que dans les parties les plus méridionales de l'Europe, on ne connaît pas cette longue durée d'un froid semblable, et qu'on éprouve rarement cette extrême chaleur. »

Suivant mes propres observations, faites d'après les meilleurs thermomètres de Newmann, j'ai trouvé qu'à Hong-Kong, pendant les mois de juillet et d'août, les deux plus chauds de l'année, le mercure a monté fréquemment à 90°, et un jour à 94° Fahr. (32° et 34°,5 centigrades) à l'ombre. Le minimum était généralement, en moyenne, de dix degrés plus bas que le maximum. Pendant l'hiver, du mois de décembre au mois de mars, le thermomètre est souvent descendu à 0, et quelquefois, mais rarement, il a neigé à Canton et sur les montagnes aux environs.

Il faut dire, cependant, que le voisinage de la mer a pour résultat de diminuer cette tendance aux excès de chaleur et de froid, qui sont beaucoup plus marqués dans les districts de l'intérieur. Pendant l'hiver et le printemps, les vents du nord se font sentir avec beaucoup de force dans le midi de la Chine, et je déclare avoir plus souffert du froid en février à Hong-Kong et à Macao que je n'en avais jamais souffert en Angleterre.

A Shanghaï, dans la province de Keangsoo, par 31° 20' de latitude nord, les extrêmes de chaud et de froid sont plus considérables que ceux que nous éprouvâmes dans les provinces méridionales. Grâce à l'obligeance du docteur Lockhart, qui a bien voulu tenir mes tables météorologiques, pendant mon absence, sur différents points de la Chine, j'ai pu recueillir une série d'observations exactes pendant l'espace de deux années. Il en résulte que les mois de juillet et d'août sont les mois les plus chauds. Le thermomètre, à l'ombre, reste quelquefois pendant plusieurs jours à 100° Fahr. (38° centigrades).

A l'époque où j'étais à Shanghaï, cette température si élevée était presque intolérable pour les Européens, les maisons des habitants du pays étant construites d'une manière peu favorable pour préserver de la chaleur.

D'un autre côté, dès la fin d'octobre, le thermomètre descend quelquefois à 0. Dans la soirée du 28 de ce même mois, en 1844, ce qui restait encore, dans les champs, de Cotonniers et autres plantes tropicales cultivées pendant l'été fut détruit par le froid. Décembre, janvier et février sont les mois les plus froids de l'année. Pendant l'hiver de 1844-45, le thermomètre descendit à 26° Fahr. (— 3°,3 centigrades). Dans la nuit du 18 décembre et dans celle du 4 janvier, il marqua 24° (— 4°,4 centigrades), et encore cette saison, au dire des Chinois, fut-elle d'une douceur remarquable, à tel point que l'on ne put faire les approvisionnements de glace habituels. Dans les hivers ordinaires, les étangs et les canaux gèlent à plusieurs pouces d'épaisseur ; ce qui permet de satisfaire amplement à toutes les demandes de glace.

Je suis donc persuadé que le thermomètre doit descendre très-souvent l'hiver, dans cette contrée, bien au-dessous de 0° centigrade. Il tombe fréquemment de la neige, mais le soleil a trop de force pour la laisser subsister bien longtemps.

A l'exception de ces époques d'extrême froid et d'extrême chaleur, le climat de Shanghaï ne le cède en beauté à celui d'aucun autre pays du monde. La température des mois d'avril, mai et juin est délicieuse. Dans le milieu du jour, le soleil, il est vrai, est très-ardent ; mais, l'après-midi et le soir, on y jouit d'un air frais et doux des plus agréables. Il en est à peu près de même des mois de l'automne. Pendant cette saison, le vent y est frais et modéré, et l'atmosphère y est bien autrement claire et pure qu'en Angleterre. Il se passe souvent plusieurs jours, et quelquefois plusieurs semaines, sans qu'un seul nuage se montre au ciel.

De la fin d'avril jusqu'au milieu de septembre, les vents dominants sont ceux du sud-ouest ; le reste de l'année, ils soufflent du nord et de l'est. C'est ce que nous appelons les *moussons* du sud-ouest et du nord-est. Ces moussons règnent avec une grande régularité dans le sud de la Chine, et sont plus variables dans le nord. Ainsi, à la latitude de Chusan et de Shanghaï, malgré l'influence de la mousson, les vents changent quelquefois.

Vers la fin de l'été, de juillet à octobre, le pays est souvent visité par ces terribles ouragans que les Européens nomment *typhons*. Ce mot vient, par corruption, du mot chinois *ta-fung*, qui signifie grand vent. Ces fléaux causent les plus grands désastres, tant sur terre que sur mer. Le baromètre avertit de leur approche quelques heures d'avance, et, à défaut du baromètre, les Chinois reconnaissent la prochaine apparition du ta-fung aux signes suivants : le vent, qui souffle habituellement du sud-ouest à cette époque (de juillet à octobre), passe tout à coup au nord ou au nord-est ; le temps devient orageux, la violence du vent augmente sensiblement, le ciel semble s'abaisser vers la terre et prend une teinte sombre, la mer devient houleuse et se précipite avec force sur le rivage.

Dès que ces signes précurseurs apparaissent, tous les bateaux pêcheurs qui se trouvent en mer se hâtent de gagner la terre ; puis on amène les barques, et on les abrite, autant que possible, pour les garantir de la violence du vent et des vagues. Les jonques, mal disposées pour supporter les tempêtes, se dirigent immédiatement vers quelque port ou quelque baie sûre, et heureusement la nature semble y avoir pourvu, car tout le littoral de la Chine offre un grand nombre de ces lieux de refuge, qui sont tous bien connus des pilotes placés à bord de ces embarcations.

Les périodes de sécheresse et d'humidité sont plus tranchées dans le sud et dans la région tropicale de la Chine que dans les provinces du nord. A Hong-Kong et dans tout le Midi, l'hiver est généralement sec, particulièrement en novembre, décembre et janvier. Les mois les plus humides de l'année sont ceux où a lieu le changement de la mousson, mai et juin d'abord, ensuite septembre, époques qui sont marquées par des pluies torrentielles dues, suivant toute apparence, à l'état de stagnation produit dans l'atmosphère par le changement de direction des vents.

L'auteur que j'ai cité tout à l'heure explique ainsi ces circonstances climatériques : « La mousson du nord-est, qui commence en septembre, règne alors dans toute sa force, et ne commence à perdre de son intensité qu'aux approches de l'autre mousson, en mars. Vers ce temps surviennent les vents du sud, chargés de vapeurs aqueuses enlevées à l'atmosphère lors de leur passage sur les mers appartenant à des latitudes plus chaudes. Ces vapeurs ne tardent pas à se condenser en épais brouillards en parvenant sur le sol de la Chine, dont la température a été fortement abaissée par les vents du nord, qui soufflent depuis longtemps. La chaleur latente qui se dégage, par la rapide transformation de ces vapeurs en pluie, produit, à cette époque du mois de mars, une notable élévation de température, et l'on conçoit que, dès lors, l'humidité et la chaleur réunies agissent puissamment sur la végétation. On a calculé que la quantité de pluie qui tombe dans le mois de mai excède **20** pouces anglais (50 centimètres), c'est-à-dire plus du quart de ce qui tombe pendant toute l'année, la moyenne annuelle étant de 70 pouces ($1^m,75$). »

Dans le Nord, il y a aussi des pluies très-abondantes au changement de mousson, particulièrement au printemps. Ces pluies sont un immense bienfait pour les récoltes semées ou plantées à peu près à cette époque. Cependant, pour les parties de la Chine situées dans la zone tempérée, on ne peut dire rigoureusement qu'elles aient une saison sèche et une saison humide, dans le sens qui s'attache à ces mots en ce qui concerne les régions tropicales. Ainsi les mois d'hiver qui sont secs à Hong-Kong sont loin d'avoir ce caractère à Shanghaï, par exemple, où les pluies tombent en abondance et où il neige parfois dans cette saison.

En résumé, le climat du nord de la Chine a beaucoup plus d'analogie avec celui du sud de l'Angleterre et avec celui de la France que le climat des provinces méridionales, et, quoique plus chaud, sans aucun doute, il m'a souvent rappelé ces magnifiques étés dont nous jouissons en Angleterre..... une fois tous les dix ou douze ans.

J'espère que ces observations pourront contribuer à faire bien saisir au lecteur le véritable caractère de l'agriculture chinoise.

10

CHAPITRE XV.

Culture des provinces du nord. — Le *Tein-Ching* (Isatis indigotica). — Productions végétales des montagnes. — Visite à Soo-Chow-Foo. — Nouvelles plantes.

Nous avons décrit la récolte du Riz dans les plaines et les terres basses (1); mais on y cultive encore d'autres plantes. Dans le sud, par exemple, on trouve en quantité le *Nelumbium speciosum*, cultivé pour ses rhizomes, qui sont fort recherchés; le *Trapa bicornis*, le *Brassica sinensis*, le *Scirpus tuberosus*, le *Convolvulus reptans*, et plusieurs autres plantes potagères qui sont l'objet d'un commerce considérable sur les marchés de la Chine. La Canne à sucre est cultivée aussi sur une grande échelle dans le Quantung, le Fo-Kien, et probablement aussi dans d'autres provinces.

. . . .

Aux environs de Shanghaï, je traversai un territoire presque entièrement consacré à la culture d'une plante crucifère nommée, par les Chinois, *Tein-Ching*, et dont on retire une espèce d'indigo qui sert pour teindre en bleu. On en apporte de grandes masses à Shanghaï et sur tous les marchés des principales villes du Nord. On l'emploie à la teinture d'un tissu de coton qui forme le vêtement principal de la classe pauvre. Je rapportai, en Angleterre, des spécimens vivants de cette plante. Ils ont été placés dans le jardin de la Société d'horticulture. Nous saurons prochainement quel est son véritable nom scientifique (2).

. . . .

Dans les provinces du sud, on cultive très en grand l'*In-*

---

(1) Page 102.

(2) Depuis que ceci est écrit nous avons reconnu que c'est une nouvelle espèce , et on lui a donné le nom d'*Isatis indigotica*, R. Fortune.

digofera, et on fabrique de grandes quantités d'Indigo, sans compter tout celui qu'on importe de Manille et des détroits. Dans le Nord, au contraire, on n'en voit pas trace, ce qui tient, je le suppose, à la rigueur de la température hivernale. Mais on y supplée par le Tein-Ching (*Isatis indigotica*), dont les feuilles sont soumises aux mêmes préparations que celles de l'*Indigofera*. La couleur du liquide est d'abord d'un bleu verdâtre ; mais, après avoir été brassé et exposé à l'air, il prend une teinte beaucoup plus foncée. Je suppose qu'on le fait épaissir par l'évaporation ; mais je n'ai pas assisté à cette partie de l'opération.

Je suis très-porté à croire que c'est cette teinture qui sert à colorer les Thés verts fabriqués dans le nord de la Chine pour les marchés de l'Angleterre et de l'Amérique ; mais ceci, du reste, n'est qu'une conjecture (1).

Les productions *estivales* des régions montagneuses diffèrent naturellement de celles des plaines. A partir du nord du Fo-Kien jusqu'à la grande vallée du Yan-tze-Kiang, les coteaux sont des plus fertiles de toute la Chine. Une grande partie est cultivée en terrasse, de la manière que j'ai déjà décrite, et leurs principales productions sont le Riz pour les terrasses des étages inférieurs, et pour le reste les Batates et les Arachides (*Arachis hypogœa*, Pistache de terre).

Dans les provinces méridionales, quand les hivers sont doux, les racines des Batates restent en terre tout l'hiver ; mais dans le nord le froid est trop vif ; on ne pourrait suivre cette méthode ; on arrache les tubercules et on les conserve bien abrités. Au mois d'avril, tous ceux qui ont été réservés pour semence sont plantés épais dans des couches disposées à cet effet près des habitations, ou dans un coin de quelque champ peu éloigné. Ils ne tardent pas à pousser des drageons qui sont bons à être enlevés et replantés au commencement de mai. Dans l'intervalle, le terrain, sur les terrasses destinées à les recevoir, a été préparé, et des lignes tracées à cet

---

(1) Voir ce qui est dit de la coloration des Thés, pag. 13 et suivantes.

effet, à 2 pieds de distance. Vers le 10 ou 12 de mai, ces drageons sont coupés et plantés ; ils croissent au bout de peu
de temps avec une extrême rapidité, due aux pluies fréquentes qui surviennent à cette époque, où a lieu le changement de la mousson, et saturent l'air d'une tiède humidité.

Les Arachides forment le principal produit des coteaux du
midi, particulièrement dans le Fo-Kien ; tandis que, dans le
nord, ce sont les Batates que l'on cultive principalement.

Les productions *hivernales*, dans le voisinage de Macao et
de Canton, se composent à peu près de nos plantes potagères
d'Europe, cultivées sur une grande échelle, Pommes de
terre, Pois, Oignons, Choux, qui servent surtout à la nourriture des Européens résidant à Canton et Hong-Kong. On y
plante généralement les Pommes de terre dans le courant du
mois d'octobre, qui est considéré comme l'époque la plus convenable pour assurer une bonne récolte ; cependant, comme
on en trouve en tout temps un débit avantageux sur les marchés, les cultivateurs en font des plantations successives de
manière à en avoir presque toute l'année.

On cultive aussi en grande quantité plusieurs variétés de
Chou spéciales à la Chine : elles ne produisent pas une pomme
solide dans l'intérieur comme notre Chou ordinaire, et n'auraient que fort peu de valeur en Angleterre. Il n'en est pas
de même de leur célèbre Pe-tsaï (Pak-tsae), ou Chou blanc
de Shantoung et de Péking, qui ne vient pas dans le sud de
la Chine, mais qui croît, l'été, dans les provinces du nord. On
transporte des masses énormes de ce délicieux légume, sur
des jonques, dans les districts méridionaux vers le commencement de la mousson du nord-est, dans le courant d'octobre.

Dans les provinces du nord, les principales productions
hivernales sont le Froment, l'Orge, les Pois, les Fèves, le
Brassica sinensis, et quelques autres végétaux de moindre
importance. Ces plantes se cultivent sur les coteaux aussi
bien que dans les terres basses, et on y consacre générale-

ment les terrains qui ont porté des Batates pendant l'été.

Dans le district de Nanking on les plante habituellement en octobre sur les terres qui ont produit le Riz ou le Coton l'été précédent. Quelquefois même, le semis a lieu avant que ces dernières récoltes soient faites, et, lorsque celles-ci sont enlevées, les jeunes plantes sont déjà sorties de terre et prêtes à les remplacer. Cette méthode, dont le but est de laisser plus de temps à ces plantes potagères pour arriver à maturité, est assez universellement pratiquée dans les provinces septentrionales.

Le Froment et l'Orge mûrissent dans le Fo-Kien en avril, et dans le territoire de Shanghaï vers la mi-mai.

Dans les cantons de Chinchew et d'Amoy les récoltes de Froment sont si misérables, que les agriculteurs les arrachent à la main, comme nous faisons dans nos terres marécageuses en Angleterre et en Ecosse.

Elles sont naturellement bien meilleures dans le riche territoire de Shanghaï, mais les variétés de Froment et d'Orge qu'on y cultive sont très-inférieures aux nôtres ; et, comme les Chinois sont dans l'habitude de semer très-épais, les tiges du Blé sont trop serrées, et les épis et les grains sont petits. Les Pois et les Fèves semblent appartenir complétement à nos variétés d'Europe, et sont certainement originaires des parties septentrionales de la Chine. Un grand nombre de variétés du genre Brassica sont cultivées pour l'huile qu'on retire de leur graine. On les sème en automne, et les plantes arrivent à maturité en avril ou mai, assez tôt pour qu'on puisse les enlever avant de procéder à la culture du Riz. Il ne faudrait pas croire cependant que la terre est toujours cultivée de cette manière, et, comme l'ont écrit plusieurs auteurs, que le terrain ne se repose jamais, car il s'en faut qu'il en soit ainsi.

CHAPITRE XVI.

Engrais. — Composts.

Dans l'île de Chusan et dans toute la contrée à Riz de Che-Kiang et de Keangsoo, on cultive, pendant l'hiver, deux plantes spécialement pour engrais, une espèce de *Coronilla* et le Trèfle (*Clover*). De larges sillons en ados, à peu près comme ceux que font nos jardiniers pour cultiver le Céleri, sont disposés sur les terres à Riz encore tout humides après la récolte, et on y sème les graines de ces deux plantes par petits paquets à 5 pouces environ (12 à 13 centimètres) de distance les uns des autres. Au bout de peu de jours la germination commence, et avant la fin de l'hiver le sommet des sillons est couvert d'une végétation luxuriante. Les plantes continuent à croître jusque vers le mois d'avril, époque à laquelle on s'occupe de préparer le terrain pour le Riz. Alors on abat les sillons, on nivelle le terrain, et les plantes-engrais (*manure plants*), encore fraîches, sont étendues sur le sol. Bientôt les champs sont inondés comme je l'ai indiqué (1), et à l'aide de la charrue et de la herse on retourne et on divise la terre. L'engrais vert, ainsi enterré et mêlé à cette espèce de boue, ne tarde pas à se décomposer, et il n'est pas douteux que l'ammoniaque qui s'en dégage ne favorise puissamment la végétation des jeunes pieds de Riz.

Le bois de chauffage est si rare dans ce pays, que l'on se sert, comme combustible, de la paille de Blé, des tiges de Riz, d'herbes sèches, toutes choses qui devraient être transformées en fumier. Il en résulte que cet usage d'enfouir des plantes en vert est, pour le cultivateur, une véritable nécessité. Il paraît, d'ailleurs, qu'on a reconnu de temps immémorial que cette espèce d'engrais était ce qu'il y avait de mieux

(1) Voyez, page 102, *Culture du Riz.*

pour les jeunes pieds de Riz. L'agriculteur chinois n'est pas chimiste, il n'a que peu ou point de notions de physiologie végétale ; mais ses ancêtres ont reconnu, par le fait du hasard ou de l'expérience, la bonté de certains procédés : les ayant reçus d'eux, il les pratique et les transmet tels quels à ses enfants.

La terre brûlée, avec des matières végétales en décomposition, est encore un compost fort estimé des fermiers chinois et usité dans la plupart des districts agricoles. Pendant l'hiver on recueille et on met en tas le long des routes toutes sortes de débris de plantes ; on les mélange avec quelque peu de paille, d'herbe, des pelures d'herbage, etc., etc. ; on les soumet à une combustion lente jusqu'à ce que toute la matière végétale soit décomposée et le tout amené à l'état de riche terreau. On retourne ensuite le mélange à plusieurs reprises, et il arrive alors à ressembler parfaitement à la terre de bruyère dont nous nous servons dans nos jardins en Angleterre.

Ce compost n'est pas répandu sur le sol ; on le réserve pour le mettre en couverture sur les semences, et voici comment on procède : lorsque le moment de semer est arrivé, un homme marche en avant et fait les trous ; un autre le suit qui y place les graines. Enfin un troisième les recouvre d'une poignée de ce terreau, qui, composé principalement de matière végétale, tient les graines dans un état convenable de division et de fraîcheur pendant le temps de la germination, et leur fournit ensuite la nourriture nécessaire.

Dans les sols un peu compactes (comme le sont, en général, les terres basses de la Chine dans lesquelles les graines sont souvent fort compromises au moment de leur germination), il est évident que cet engrais agit à la fois chimiquement et mécaniquement. Il procure à la plante, dans les premiers moments de sa croissance une vigueur qui lui permet de s'assimiler la substance formant l'élément principal de cette nature de terrain et d'y implanter solidement ses racines.

Le tourteau, divisé et broyé, est employé fréquemment

comme le terreau dont je viens de parler ; on le sème aussi
sur le sol à la volée. Ces tourteaux se composent des résidus
ou des rebuts de certaines plantes telles que l'arbre à suif (1),
plusieurs espèces de Pois et de plantes crucifères oléagineuses.
Cet engrais est fort recherché sur tous les points du territoire chinois, et il est l'objet d'un commerce considérable,
tant par terre que par mer. Les os, les écailles, les fragments
de chaux, la suie, les cendres, les poils, enfin les débris de
toute nature , sont aussi recueillis avec soin et employés
comme engrais.

Les propriétaires des jardins de Fa-Tee dont j'ai donné la
description (2) composent une espèce toute particulière de
terreau très-riche qu'ils coupent par petits carrés et qu'ils
vendent à des prix fous pour faire venir les plantes en pot.
Ce terreau, ou plutôt cette vase, se tire surtout des lacs et des
étangs du voisinage où croît en abondance le *Nelumbium speciosum.* On en fait un tel cas, que son prix commercial est,
pour la première qualité, de 1 dollar les 3 piculs (5 fr. 40
les 180 kilog.), et, pour la seconde, de 1 dollar les 4 piculs
(5 fr. 40 les 240 kilog.). Des échantillons de cette qualité inférieure ont souvent été envoyés en Angleterre avec les caisses
de plantes expédiées de Canton.

On y tient aussi en grande estime l'engrais humain, et il
n'est pas un voyageur, en Chine, qui n'ait pu remarquer de
petites citernes ou des récipients en terre destinés à le recevoir. Ce qui serait considéré chez nous comme une chose d'un
aspect insupportable est vu, par les Chinois de tout rang et de
toute classe, d'un œil de complaisance ; et rien ne les éton-
nerait davantage que d'entendre des plaintes sur l'odeur in-
fecte qui s'exhale de ces dépôts.

Presque toutes les villes de ce pays sont bâties sur le bord
d'une rivière ou d'un canal qui non-seulement entoure la

---

(1) Voyez , page 122, ce qui est dit de l'extraction du suif et de l'huile
des graines de cet arbre. (Tallow tree, *Stillingia sebifera.*)
(2) Voyez page 138.

cité comme d'un fossé de défense, mais encore y pénètre en y formant plusieurs sinuosités. Sur différents points de la ville sont placés de longs bateaux, grossièrement construits, dans lesquels on vide les déjections solides et liquides, qui sont ensuite transportées par tout le pays. Les terres, dans le voisinage, sont ordinairement approvisionnées de ce précieux engrais par les petits cultivateurs eux-mêmes, qui portent, chaque jour, au marché les produits de leur exploitation ; chacun d'eux rapporte habituellement deux baquets de cette matière suspendus aux deux extrémités d'un long bâton de bambou.

En Angleterre, on croit généralement que les Chinois laissent ces dépôts entrer en fermentation avant de les répandre sur le sol ; mais c'est une erreur, au moins quant à l'usage général. Dans les cantons si fertiles du nord, j'ai été à même de remarquer que l'engrais humain est employé à l'état frais, délayé préalablement dans une quantité d'eau. Et il n'y a aucun doute qu'une telle méthode ne soit très-rationnelle, cet engrais devant être beaucoup plus efficace lorsqu'on l'applique aux plantes avant que la plus grande partie de l'ammoniaque qu'il contient ait pu s'en échapper.

Les Chinois ne pratiquent, que je sache, aucun procédé de désinfection ; mais ils savent très-bien, du reste, qu'en laissant ces matières exposées à l'air on leur fait perdre une partie notable de leurs principes fertilisants : aussi se hâtent-ils de l'employer avant toute putréfaction ou fermentation.

On les voit, dans l'après-midi des jours un peu nuageux, apporter de l'eau sur les tas de matières pour les amener à l'état liquide. Lorsque ce résultat est obtenu, ils en remplissent leurs baquets, et en suspendant un à chaque extrémité de leur bambou ils le transportent sur le terrain à fumer. Arrivés là, chaque ouvrier prend une sorte de cuiller attachée à un long manche et répand le mélange sur la récolte.

Dans certaines circonstances données, un engrais aussi énergique serait plus nuisible qu'utile ; mais, si on a soin, comme font les Chinois, de ne l'appliquer qu'à des plantes déjà en pleine croissance et assez vigoureuses, celles-ci s'assimilent les gaz qu'il contient, et on ne tarde pas à reconnaître l'influence qu'il exerce sur le développement de la végétation. Cet engrais liquide est généralement employé en Chine pour le Froment, l'Orge, les Brassica, et autres plantes potagères; mais non pour le Riz, qui est constamment arrosé pendant toute sa période de croissance. Quelquefois on n'en fait usage qu'après qu'il a subi la fermentation putride, et on sait que même, en cet état, il est encore très-efficace. Dans les jardins près de Canton on le fait ordinairement sécher, après quoi on le mêle avec la vase qu'on retire du fond des étangs où abonde le Lotus. Ce compost sert, comme celui dont j'ai déjà parlé, soit à élever les plantes en pot, soit à favoriser la croissance des arbres ou arbustes qui sont l'objet de soins particuliers.

Bien que certains cultivateurs laissent de temps en temps reposer leurs terres pendant six mois, on ne saurait dire qu'il y ait aucun système de jachère organisé, ni qu'on y connaisse, ou au moins qu'on y pratique aucune règle quant à la succession de récoltes. D'ailleurs, pour ce qui concerne les terres basses, le sol, composé, en général, d'une forte argile compacte, peut porter, sans inconvénient, une série de récoltes de Riz non interrompues, et le système des jachères n'y serait nullement nécessaire.

———

CHAPITRE XVII.

État de l'agriculture et productions du district de Foo-Chow-Foo.—Arbres fruitiers.

La température du territoire de Foo-Chow-Foo et de toute la vallée de la rivière de Min, dans la partie méridionale du Fo-Kien, paraît tenir le milieu entre celle de Hong-Kong au sud, et celle de Shanghaï au nord. En juin et dans le commencement de juillet, le thermomètre marque de 85° à 95° Fahr. (de 29°,44 à 35° centésimaux), et vers le milieu de ce dernier mois il s'élève à 100° (37°,78 centésimaux); mais je ne crois pas qu'il monte jamais au-dessus.

A mon retour de mon excursion dans les montagnes, je consacrai quelque temps à visiter les pépinières situées près de la ville. Elles contiennent un certain nombre de plantes dignes d'intérêt. Le célèbre Citronnier à fruits digités, *Fingered-Citron*, si commun dans toutes les boutiques de la Chine, semble ici cultivé avec une rare perfection, et il me paraît, d'ailleurs, que c'est son pays natal. Tout le district de Foo-Chow-Foo est comme le grand jardin de Camélias de la Chine, et je n'en avais vu nulle part d'aussi beaux et d'aussi bien soignés.

Les *Ixora* et les *Hydrangea* y viennent aussi très-bien et sont d'une beauté remarquable. Cette dernière plante y produit invariablement des fleurs bleues, mais d'une teinte bleue beaucoup plus foncée qu'aucune de celles que j'ai vues en Angleterre. Elles croissent dans un *loam* riche et meuble, contenant quelques ingrédients chimiques qui causent cette couleur bleu foncé.

Ici, comme dans la région plus septentrionale, on cultive pendant l'hiver le Blé et les légumes. Presque toute la partie basse, au moins celle qui est susceptible d'être inondée, donne deux récoltes de Riz, une d'été et une d'automne. La première est mûre en juillet. La seconde, qui est plantée entre les rangs de la première, comme dans la région du nord (1), est mûre à l'automne. On cultive dans cette province une grande quantité de Tabac. Les fermiers y apportent des soins particuliers, afin d'obtenir des feuilles aussi grandes et aussi belles que possible; à cet effet, ils enlèvent scrupuleusement toutes les fleurs qui n'auraient aucune valeur et les petites feuilles à mesure qu'elles sont formées.

La Canne à sucre et le Gingembre y sont l'objet d'une culture considérable et plus étendue que dans aucune des

---

(1) Voir au chapitre de la *Culture du Riz*, page 104.

provinces chinoises que j'ai explorées. Les pentes des coteaux sont principalement consacrées aux Batates et aux Pistaches de terre (Arachides).

Il y a aussi des arbres fruitiers. Les Prunes sont bonnes, mais inférieures cependant en qualité à celles que nous possédons en Angleterre. Les Pêches, dont la forme est assez bizarrement contournée, sont très-médiocres (1) ; mais ce qu'on peut appeler proprement les fruits chinois, c'est-à-dire les Li-Tchi (2), les Longans (3), les Wangpees (*Cookia punctata*) sont très-savoureux, le climat leur convenant parfaitement. A l'époque où j'étais à Foo-Chow-Foo (au mois de juillet), les Li-Tchi étaient couverts de leurs jolis fruits rouges, qui formaient un agréable contraste avec le feuillage d'un beau vert foncé. On trouve aussi, dans le district de Min, d'immenses quantités de Citrons, d'Oranges ; mais aucun de ces fruits n'était encore mûr à cette époque. C'est là que je vis pour la première fois l'arbre appelé communément Olivier de Chine, à cause de la ressemblance de son fruit avec l'Olive d'Europe, et aussi le Dattier, dont le fruit ressemble complétement aux Dattes qu'on importe en Angleterre.

Dans le voisinage de Foo-Chow-Foo croît aussi en abondance le *Jasminum sambac* si parfumé. Il sert à orner la

---

(1) A cette occasion, je mentionnerai ici une espèce de Pêcher dont je me suis rendu acquéreur, près de Shanghaï, et que je considère comme une de mes plus intéressantes conquêtes. Il se trouve dans les vergers spécialement consacrés à cet arbre (*Peach orchards*), à quelques kilomètres au sud de la ville.

Ses fruits, remarquables par leur dimension, apparaissent sur les marchés de cette ville vers le milieu d'août, et se conservent sans altération aucune pendant huit à dix jours. Il n'est pas rare de voir de ces Pêches de 11 pouces (28 centimètres) de circonférence, et du poids de 12 onces (375 grammes).

C'est probablement ce Pêcher que quelques auteurs nomment le Pêcher de Péking, et sur lequel on a écrit tant de choses exagérées. Au surplus, cette variété que j'appellerai, moi, Pêcher de Shanghaï, est maintenant dans le jardin de la Société d'horticulture de Londres.   R. F.

(2) Voir la note détaillée sur le Li-Tchi, page 135.

(3) *Euphoria Longana.*

coiffure des dames et la table des riches. Je suppose que c'est le Fo-Kien qui fournit à tous les jardins du Nord et du Sud cette plante si recherchée. J'y ai trouvé aussi quelques autres arbustes cultivés surtout pour leurs fleurs, que l'on mêle souvent avec le Thé : le *Murraya exotica*, l'*Aglaia odorata*, le *Chloranthus inconspicuus*.

Le bassin de la rivière de Min, près de Foo-Chow-Foo, dans le Fo-Kien, au 26° degré de latitude nord, est d'une richesse et d'une fertilité extraordinaires. Des massifs de Li-Tchi, de Longans, de Pêchers et de Pruniers couvrent tout ce territoire. L'*Aglaia odorata* y est cultivée en grand pour mêler au Tabac et le parfumer ; le *Chloranthus* s'y voit aussi en abondance et sert à parfumer les Thés de qualité supérieure. La Canne à Sucre et le Tabac occupent également une grande place dans cette immense vallée, qui produit, en outre, tous les légumes nécessaires à la consommation du pays. J'y ai vu, d'ailleurs, un grand nombre de plantes odoriférantes, et, indépendamment des deux que je viens de mentionner, je citerai notamment la Tubéreuse d'Italie, le *Jasminum sambac*. Ce dernier se vend sur presque tous les marchés, et il est fort recherché des dames de la vallée du Min, qui en ornent leurs cheveux.

Lorsque nous eûmes remonté le Min jusqu'à une certaine distance de Foo-Chow-Foo, l'aspect du pays changea complétement. La vallée se retrécissait et les coteaux abruptes touchaient presque à la rivière. Les uns étaient nus et stériles ; d'autres, au contraire, semblaient cultivés jusqu'à une assez grande hauteur ; quelques-uns enfin n'étaient couverts que de chétifs arbrisseaux et de broussailles.

Près des villages se remarquaient en grand nombre les arbres fruitiers que j'ai déjà cités, ainsi que le *Pinus sinensis* et le *Cuninghamia lanceolata*.

On fait dans cette contrée un grand commerce de bois dont Foo-Chow-Foo est l'entrepôt. On le dispose en trains flottants, et en remontant le Min nous en rencontrions souvent qui se dirigeaient vers cette ville. Je remarquai sur plusieurs de ces radeaux de petites maisonnettes servant de logement à ceux qui les conduisaient.

SUITE DES FRAGMENTS AGRICOLES.

Deuxième voyage (1848).

CHAPITRE XVIII.

Flore de Hong-Kong. — L'Enkianthus. — Le Neem (*Melia azedarach*). — Orchidées de la Chine. — *Olea fragrans*, etc.

Je quittai Shanghaï au printemps, et je me rendis à Hong-Kong, à l'effet d'expédier pour Calcutta plusieurs caisses de plants de Thé destinés aux établissements de l'Inde. Lorsque tout fut prêt, je commençai mes excursions dans les montagnes voisines.

A cette époque de l'année, l'Enkianthus commençait justement à fleurir. Il est du petit nombre des végétaux de Chine qui peuvent difficilement se cultiver en Angleterre, ou plutôt c'est, je crois, qu'on ne sait pas lui donner les soins qu'il exige. Il ne sera donc pas inutile de faire connaître ici les habitudes de cette belle plante et ses diverses phases de végétation, telles que j'ai pu les observer en explorant les coteaux de Hong-Kong, d'où elle est originaire.

Sur ces collines, dont la hauteur varie de 1,000 à 2,000 pieds (300 à 600 mètres), l'Enkianthus pousse avec vigueur et offre une végétation luxuriante. Il ne croît pas naturellement dans les vallées ni même au pied des coteaux. Le sol qui recouvre ces pentes est une espèce de loam assez semblable à celui que nous possédons à Shirley ou à Wimbledon, mêlé à des détritus de roches granitiques détachées des montagnes. L'Enkianthus semble se plaire dans les fentes de ces rocs, et il lui suffit souvent, pour prendre racine, d'une minime quantité de terre végétale.

A la fin d'avril ou au commencement de mai, le changement de la mousson amène des pluies qui favorisent singulièrement son développement. A l'automne (à l'exception
d'une semaine ou deux, en septembre), survient un temps
sec et très-chaud. Alors les branches et les boutons sont arrivés à leur dernière période; une partie des feuilles tombent, et la plante, ayant préparé ses éléments de reproduction
pour l'année suivante, reste dans un état de stagnation pendant l'hiver qui, à Hong-Kong, est froid et sec.

Dans les mois les plus chauds de l'année, en juin, juillet
et août, la température maximum à l'ombre dépasse rarement 90° Fahr. (32°,22 centésimaux). Dans l'hiver, bien que
les vents du nord soient très-froids et très-âpres, la gelée et
la neige sont presque inconnues dans cette partie de la Chine,
et, aussitôt qu'à l'arrivée du printemps la végétation commence à marcher, on voit fleurir l'Enkianthus.

Afin de donner une idée générale des jardins de Hong-
Kong, je décrirai, comme spécimen, celui de MM. Dent.

Toutes les personnes qui s'occupent, en Angleterre, des
plantes de la Chine ont entendu parler de M. Beale, de
Macao, un ami de M. Reeves, et comme lui un ardent col-
lecteur de botanique. Lorsque Hong-Kong fut cédé à l'Angleterre, presque tous les Anglais établis à Macao se trans-
portèrent dans cette nouvelle résidence, et les plantes dont
se composait le jardin de M. Beale servirent à former celui
de MM. Dent, à Green-Bank.

En entrant dans le jardin par la partie basse, on trouve
d'abord un large chemin pavé qui conduit, avec quelques
sinuosités, jusque sur le coteau, dans la direction de la maison. De chaque côté de ce chemin sont des rangées d'arbres
et arbustes indigènes à la Chine, y compris des arbres fruitiers dont la végétation est admirable.

Des *Ficus nitida*, placés à droite, viennent bien et pro-
mettent de devenir très-beaux. C'est, sans aucun doute, un
des arbres d'ornement les plus remarquables qu'on puisse
trouver dans le sud de la Chine. Il croît rapidement sans

beaucoup de soin ; son feuillage, d'un vert brillant, ne tarde pas à procurer un abri tutélaire contre les rayons du soleil qui sont souvent si redoutables à Hong-Kong. Le *Ficus elastica* (india rubber tree) se montre aussi dans de bonnes conditions de végétation sur la même rangée ; mais il croît beaucoup plus lentement que le *Ficus nitida*.

De l'autre côté du chemin sont plusieurs spécimens de l'arbre indien *Neem* (Melia Azedarach), qui pousse avec beaucoup de force, mais qui a l'inconvénient d'être très-cassant, ce qui lui ôte beaucoup de sa valeur, surtout dans cette contrée exposée aux grands vents et aux typhons. Il paraît, du reste, que ce même Melia se retrouve sur tout le globe dans les régions tropicales et tempérées. Je crois qu'il existe dans l'Amérique du Sud, et pour mon compte j'en ai vu à Gibraltar, à Malte, en Egypte, à Aden, à Ceylan, dans les détroits, dans le sud de la Chine aussi bien qu'au nord, au moins jusqu'au 31° degré de latitude.

Parmi les autres végétaux remarquables de cette partie du jardin, je citerai les Cannelliers de Chine, la gracieuse *Aglaïa odorata*, le *Murraya exotica*, deux plantes qui exhalent une odeur très-agréable et que l'on cultive beaucoup en Chine ; deux Palmiers à noix de coco, importés des détroits et qui viennent très-bien ; différents arbres à fruit, le Loquat (Eriobotrya japonica), le Groseillier à maquereau de Chine (Averrhoa carambola), le Wangpee, le Longan, le Li-Tchi, qui tous sont aussi avancés qu'on pouvait l'espérer d'après l'époque de leur plantation.

Le *Pinus sinensis*, qu'on trouve sur tous les coteaux de la Chine assez rabougri, attendu que les Chinois en coupent les branches inférieures pour faire du feu, est ici mieux traité et dans une meilleure condition. Il ne s'élève pas très-haut ; mais, tant qu'il est jeune, son joli feuillage vert, qui part de terre, lui donne un aspect assez gracieux.

En approchant de la terrasse sur laquelle est bâtie l'habitation, le chemin pavé tourne à droite entre deux belles rangées de Bambous jaunes. Cette espèce de Bambous est

11

très-remarquable et mérite de fixer l'attention en Angleterre. La tige en est très-droite, d'un jaune vif rayé de vert avec une élégance et une netteté telles qu'on croirait voir l'œuvre d'un artiste habile.

Au bout de la terrasse, près de la maison, est une longue et étroite avenue de Bambous, qu'on a nommée « Orchid Walk » (la promenade des Orchidées). Cette allée offre, à toute heure de la journée, un abri sûr et frais contre les rayons du soleil qui n'y pénètrent qu'à peine, et fort affaiblis par le feuillage assez épais des Bambous. Là sont entretenues un grand nombre d'Orchidées de Chine et toutes les plantes qui ont besoin d'ombre. J'y ai remarqué notamment le *Phaius grandifolius*, le *Cymbidium sinense* et *aloifolium*, l'*Aerides odoratum*, le *Vanda multiflora* et *teretifolia*, le *Renanthera coccinea*, le *Fernandezia ensifolia*, l'*Arundina sinensis*, l'*Habenaria Suzannœ*, une espèce de *Cypripedium*, et le *Spathoglottis Fortuni*. Il y a encore quelques autres plantes, telles que le *Chirita sinensis*, le « Man-Neen-Chung » (une espèce de *Lycopodium* nain très-estimée des Chinois); enfin plusieurs curiosités végétales, et tout cet ensemble fait d'*Orchid Walk* un lieu des plus intéressants pour l'horticulteur.

Au delà de cette avenue est une pelouse en pente dans laquelle croissent plusieurs jolis spécimens de Bambous, le *Poinciana pulcherrima*, des Myrtes, des *Gardenia*, des Lauriers-roses, le *Croton variegatum* et *pictum*, le *Magnolia fuscata*, l'*Olea fragrans*, le *Dracœna ferrea* et le *Budleia Lindleyana*. Cette dernière plante a été rapportée par moi de Chusan en 1844, et elle est aujourd'hui commune dans les jardins de Hong-Kong, où elle vient très-bien. Elle y est presque toujours en fleur; mais il est vrai de dire que les fleurs n'y sont pas aussi belles que dans les climats plus froids.

Une nombreuse collection de plantes en pots est disposée de chaque côté d'une large terrasse qui est devant la maison. Ce sont des Camélias, des Azaléas, des Roses, et d'autres plantes qui se trouvent dans les jardins de Fa-Tee, près

Canton. La plupart de ces pots sont peints dans le style chinois et placés sur des socles de porcelaine.

CHAPITRE XIX.

Végétaux de la province de Hwuy-Chow-Foo.— Pêche du Ling (*Trapa bicornis*). — Le Tung-Eu (arbre à huile). — Le *Chamœrops excelsa*. — Le *funereal Cypress*.

Étant revenu pour quelque temps à Shanghaï, je résolus de pénétrer, s'il m'était possible, dans le district de Hwuy-Chow-Foo. En remontant la rivière dans la direction du sud-ouest, j'arrivai, peu après avoir dépassé Kea-Hing-Fo, cité d'environ 270,000 habitants, à un immense étang qui, je le suppose, communique avec le célèbre lac de Tai-Ho. L'eau était très-peu profonde et couverte de *Trapa bicornis*, que les Chinois nomment *Ling* (1), et dont le fruit, de forme assez bizarre, comme on le sait, ressemblant assez à une tête de bœuf armée de ses deux cornes, est très-estimé en Chine. J'en observai là trois variétés bien distinctes, dont une qui donne un fruit d'une belle couleur rouge.

Des femmes et des enfants en grand nombre naviguaient dans de petits batelets de forme circulaire, à peu près comme nos cuviers à lessive, et étaient occupés à pêcher le Ling. Au fait, on ne pourrait rien imaginer de plus convenable pour ce genre de travail que ces singulières embarcations, qui, assez vastes pour contenir à la fois le pêcheur et tout le pro-

---

(1) Le genre Macre renferme plusieurs espèces. Celle dont parle ici M. Fortune est la MACRE BICORNE. — *Trapa bicornis*, Linn., Til.— Gaertn. Fruct. 2, tab. 89. — *Trapa chinensis*, Lour., Flor. cochinch.

Feuilles entières ou dentées, rhomboïdales. Noix (*d'un brun roux*) à deux cornes opposées, épaisses, abstruses, recourbées au sommet.

Cette espèce est indigène dans le midi de la Chine et en Cochinchine. Loureiro remarque qu'on la cultive avec soin aux environs de Canton, comme plante alimentaire.

duit de sa pêche, se dirigent doucement au milieu de toutes les plantes sans les briser. La vue de cette immense quantité d'individus naviguant ainsi sur ce marais, chacun dans son cuvier, formait pour moi un coup d'œil des plus divertissants.

. . . .

Pendant le cours de mon voyage de Yen-Chow-Foo (province de Che-Kiang), à Hwuy-Chow-Foo (province de Kiang-Nan), j'eus plusieurs occasions de quitter le bateau et d'aller visiter les coteaux voisins de la rivière. Dans ces excursions qui avaient principalement la botanique pour objet, je rencontrai à l'état sauvage sur les pentes de ces montagnes plusieurs végétaux que je n'avais vus jusque-là que dans les jardins. J'y trouvai notamment en grande abondance une plante très-curieuse et très-recherchée sur le littoral, l'*Edgworthia chrysantha*; j'y vis, en outre, le *Reeves's Spiræa* et le *Spiræa prunifolia*, qui y croissent aussi à profusion; plusieurs *Chimonanthus* ou *Japan allspice*, le *Forsythia viridissima*, le *Budleia Lindleyana*, beaucoup de Daphnés, de *Gardenia*, d'*Azalea*. Plusieurs espèces de mousses et de Lycopodes se montraient à travers les fentes humides des rochers. Parmi ces dernières plantes, je remarquai surtout en grande quantité, une très-jolie variété, le *Lycopodium Willdenowii*.

Pour ce qui concerne les arbres, ceux qui me parurent y être les plus communs étaient le *Dryandra cordata* de Thunberg, le Tung-Eu de la Chine, très-estimé à cause de la quantité d'huile que fournissent ses graines. Je trouvais çà et là quelques plantations de *Pinus sinensis*, et le Pin à feuilles lancéolées bien connu des botanistes sous le nom de *Cuninghamia lanceolata*. J'y trouvai dans les plus belles conditions de végétation une espèce de Palmier, la seule appartenant à ce genre qui croisse dans les provinces du nord et du centre, soit spontanément, soit par la culture. Il m'a paru que c'était un *Chamærops*.

Il est très-estimé dans toute la partie septentrionale de la Chine, où l'on emploie ses filaments à un certain nombre d'usages. On en fait des cordages et des câbles de navire qui, assure-t-on, se conservent très-longtemps sous l'eau. On les préfère de beaucoup, pour cet usage, aux fibres du Cocotier, avec lequel il offre, du reste, une certaine ressemblance. On en fait des sommiers à l'usage des classes inférieures de la population, des habits et des chapeaux que les laboureurs aiment beaucoup, surtout à raison de la propriété qu'ils possèdent de garantir contre les fortes pluies. Enfin cet arbre, qui sert encore à d'autres emplois, a, en outre, l'avantage de servir à la décoration et à l'ornement des jardins.

J'aime à espérer que nous le verrons quelque jour orner les pentes des coteaux dans le sud de l'Angleterre et dans d'autres contrées de l'Europe, où il trouvera la température douce qui lui convient. C'est dans ce but que j'en ai envoyé plusieurs pieds à sir William Hooker, directeur du jardin royal de Kew, en le priant d'en faire passer un à S. A. R. le prince Albert, à Osborne-House, île de Wight (1).

On remarque, dans cette province, de grandes quantités d'arbres à suif *(Stillingia sebifera)* qui, à l'époque où je voyageais, ayant revêtu les couleurs automnales, ayant changé leurs nuances vert clair contre un rouge foncé couleur de sang, produisaient dans le paysage un effet des plus pittoresques. Il en était de même d'un autre arbre qui présente une semblable transformation, une espèce d'Érable, nommée par les Chinois Fung-Gze. Ces deux arbres formaient une remarquable opposition de couleurs avec le vert foncé des Pins.

Mais le plus bel arbre, sans aucun doute, que j'aie trouvé dans ce district est un Cyprès pleureur, que je n'avais vu dans aucune autre partie de l'empire chinois et qui même, je dois le dire, m'était tout à fait inconnu. J'aperçus, d'une distance de près d'un kilomètre, une espèce de Pin d'un

---

(1) Dans le *Botanical magazine* de mars 1850, Sir W. Hooker écrit à ce sujet : « Un Palmier, *Chamœrops excelsa* (?), envoyé au jardin royal « par M. Fortune, a bravé impunément, sans aucune espèce d'abri, le rude « hiver que nous venons de passer. » R. F.

Le muséum d'histoire naturelle possède un pied de *Chamœrops excelsa*.

(*Note du traducteur.*)

port élégant, haut d'environ 60 pieds (anglais) [18 mè-
tres], ayant une tige aussi droite et aussi élancée que le Pin
de l'île de Norfolk, avec des branches retombant comme
celles du Saule pleureur de Sainte-Hélène. Ces branches, qui
partent d'abord à peu près à angle droit de la tige principale,
décrivent ensuite une courbe gracieuse et se replient encore
à leur extrémité. De ces mêmes rameaux pendent perpendi-
culairement d'autres branches secondaires, ce qui donne à
l'ensemble l'aspect du Saule pleureur avec une plus grande
élégance de formes.

Quel pouvait être cet arbre? Il était évident pour moi qu'il
appartenait à la famille des Conifères, mais qu'il était le plus
beau et le plus distingué de sa famille.

Je marchai, ou pour mieux dire, je courus à lui, à la grande
surprise de mes compagnons de voyage, qui crurent que
j'étais devenu fou. Lorsque je fus à proximité, il me parut
encore plus beau qu'à la première vue. Sa tige était parfaitement droite comme celle du Cryptomeria, et ses feuilles res-
semblaient à celles d'un arbre bien connu, l'*Arbor vitæ*;
seulement plus petites et d'une forme plus élégante.

Ce spécimen si remarquable était, à ma grande satisfaction, chargé de fruits mûrs, et je désirais vivement pouvoir
en emporter une certaine quantité. L'arbre se trouvait dans
un enclos dépendant d'une auberge; un mur nous en sépa-
rait, et j'avoue que je me sentais une forte velléité de le franchir. Mais cette pensée ne dura pas. Je jugeai qu'il était
convenable de nous diriger vers la maison, dans la supposition, exacte du reste, que l'objet de mon enthousiasme était
la propriété de l'aubergiste.

Nous entrâmes donc dans l'auberge, et, grâce à un bon
repas que nous y prîmes et à quelques gracieusetés que je
lui adressai, j'en obtins un certain nombre de graines, que
je serrai précieusement. Elles sont maintenant en Angleterre (1). J'espère qu'elles prospéreront et que dans quel-

(1) Le muséum d'histoire naturelle possède un certain nombre de pieds

Cyprès funéraire (*Cupressus funebris*).

---

de *funereal Cypress* (*Cupressus funebris*) venus de semis et âgés de trois ou quatre ans. Plusieurs ont aujourd'hui 45 à 50 centimètres, et tout porte à croire que la croissance de cet arbre est très-rapide. (*Note du traducteur.*)

ques années ce bel arbre décorera nos jardins et nos parcs. Du reste, à mesure que j'avançais, j'en trouvai beaucoup d'autres, et je reconnus qu'on en voyait assez communément des massifs sur les pentes de ces coteaux.

Cet arbre a reçu le nom de Cyprès funéraire (funereal Cypress). Le professeur Lindley (1), à qui j'envoyai quelques branches que j'avais cueillies pendant ce voyage, a écrit « qu'il le considérait comme une acquisition du plus haut « intérêt, » et il ajoute : « L'échantillon que nous avons « reçu ne nous permet pas de douter que ce ne soit un très- « bel arbre. On pourrait le décrire à peu près ainsi : sem- « blable au Saule pleureur quant à son port, et au Sabina (2) « pour le feuillage, sauf qu'il est d'un vert plus vif. Ce n'est « cependant pas un Genévrier, comme notre Cyprès funéraire « (*Juniperus virginiana*); c'est un véritable Cyprès. Nous « avons longtemps regretté que le Cyprès d'Italie ne pût pas « s'acclimater en Angleterre et décorer nos cimetières; mais « nous avons maintenant un arbre qui lui est supérieur en « beauté et qui convient encore mieux pour un tel emploi.»

. . . . , ...

En poursuivant ma route dans la direction de Hwuy-Chow-Foo, un peu au delà de Wae-Ping, ville de 150,000 habitants, située sur la frontière du Che-Kiang, lorsque nous fûmes entrés dans la province de Kiang-Nan, pendant un temps d'arrêt de notre bateau, je pus visiter rapidement le jardin d'un mandarin.

Ce lieu ne pouvait prétendre à être ce que nous appellerions un beau jardin; mais il est, de la part des gens du pays, l'objet d'une grande admiration, attendu que c'est à

---

(1) Le docteur Lindley, professeur de physiologie végétale, secrétaire de la Société d'horticulture de Londres, rédacteur du *Gardener's chronicle*, homme aussi obligeant qu'il est instruit. Nous nous rappelons encore avec gratitude le soin qu'il voulut bien prendre, en 1837, de nous faire voir en détail le beau jardin de la Société d'horticulture, à Chiswich, près de Londres.   (*Note du traducteur.*)

(2) Sorte de Genévrier.

peu près le seul de ce genre qui existe dans toute la contrée. On y voit, de distance en distance, de petites cours carrées remplies de pierres artistement rangées pour faire ornement.

Dans le jardin abondent l'*Olea fragrans*, le *Pæonia mou-tan* (Pivoine en arbre), le Bambou sacré (Nandina domestica) et d'autres arbustes plus communs. Quelques jolies petites pièces d'eau sont recouvertes du Lotus, l'une de leurs plantes favorites ; mais la plante la plus intéressante que j'y observai fut une nouvelle espèce de Houx toujours vert, ayant des feuilles semblables à celles du Laurier de Portugal, et d'un très-bel effet comme ornement. J'ai pu m'en procurer quelques graines, et j'en ai envoyé en Angleterre. Au milieu des fabriques et des constructions du jardin est une petite pagode en haut de laquelle je montai et d'où l'on découvre tout le pays à une grande distance.

On voit que le propriétaire de ce jardin l'a créé pour y donner des fêtes et de nombreuses réceptions. De petits temples, des tours, des kiosques y sont disséminés de tous côtés sur de vastes pelouses. Le *tout ensemble* (1) est d'un aspect imposant et complétement dans le style de prédilection des Chinois. Des guides appartenant à la maison nous conduisaient partout, comme cela se pratique en Angleterre, et, comme en Angleterre aussi, on voyait très-bien qu'ils attendaient une rémunération de leurs services. L'imitation même fut d'autant plus exacte, qu'ils nous quittaient de place en place, nous remettant aux mains de nouveaux guides, de manière que chacun d'eux eût sa part de l'aubaine.

Je trouvai aux environs, sur les pentes des coteaux, plusieurs plantes qui sont rares dans les autres parties de la Chine, ou au moins sur le littoral, notamment le Chimonanthus odoriférant, qui jouit maintenant d'une si grande faveur en Angleterre, où il fleurit à Noël.

Quelques jours après, en approchant de Tun-Che, à 29°48′ latitude nord, j'aperçus, dans un vieux jardin en ruines,

---

(1) Ces mots sont en français dans le texte.   (*Note du traducteur.*)

une plante assez singulière qui attira mon attention. En la regardant de plus près, je reconnus que c'était un beau *Berberis toujours vert* appartenant à la tribu des Mahonia, et ayant, en conséquence, les feuilles ailées, garnies d'une épine, d'une belle couleur d'un vert foncé brillant. L'arbuste (*Mahonia Fortunei*) avait environ 8 pieds ($2^m,40$) de hauteur ; il était très-garni de branches et surpassait en beauté toutes les autres espèces de Mahonia. Il n'avait qu'un défaut, c'était, par ses dimensions, de n'être pas transportable. J'en pris seulement une feuille, et je remarquai bien la place, me promettant d'en cueillir quelques branches à mon retour.

Nous continuâmes notre route, et j'arrivai, peu de jours après, à Sung-lo-Slan, la patrie originaire du Thé (1). Pendant mon séjour dans cette ville, je me rappelai mon Berberis de Tun-Che et je me persuadai qu'il devait croître aussi dans le territoire de Sung-Lo ; il s'y trouve en effet, et les gens du pays lui attribuent quelques propriétés médicinales, je ne sais lesquelles. J'eus assez de peine à m'en procurer ; mais enfin, en payant bien, je pus en obtenir quelques pieds bien garnis de leurs racines avec la terre au pied. Je les rapportai sains et saufs, et je les expédiai pour l'Angleterre, où ils arrivèrent à bon port.

CHAPITRE XX.

Végétaux des environs de Ning-Po et de Shanghaï — L'*Amelanchus racemosa*. — Forêts de Bambous ; usages divers de cet arbre. — Le Tung-Eau (*Dryandra cordata*).— Le Lieu-Wha (*Nelumbium villatum*).— Le Kum-Quat (*Citrus japonica*).

De l'embouchure du Min, je revins à Ning-Po, et, comme je devais attendre, en ce lieu, des coolies que j'avais envoyés

---

(1) Voir ce qui est dit de la production du Thé dans ce district, p. 35.

dans plusieurs directions, je résolus d'aller visiter le temple
de **Tein-Tung**, situé dans les montagnes à quelques myriamètres à l'ouest de cette ville. En parcourant les sites
agrestes qui l'environnent, je fus frappé de la variété du paysage. D'innombrables plantes à l'état sauvage, couvertes de
fleurs, s'offraient à moi de tous côtés. J'y trouvai l'*Azalea*
jaune de Chine ; un arbrisseau nouveau pour les botanistes,
et à peine connu en Europe, l'*Amelanchus racemosa*, qui
n'est pas moins beau que l'*Azalea* et rivalise avec lui par ses
bouquets de fleurs d'un blanc pur et éclatant.

Les collines au milieu desquelles ce temple est situé sont,
d'ailleurs, richement boisées. Les prêtres qui le desservent
professent de temps immémorial un grand respect pour les
arbres. Quelques magnifiques *Cryptomeria japonica*, et un
certain nombre de Pins de Chine, les plus élevés que j'aie jamais vus, ornent les abords du monument. Il est entouré de
véritables forêts de beaux Bambous, bien dignes, à coup sûr,
de fixer l'attention du voyageur.

Les individus de la variété à laquelle appartiennent ces
Bambous ont quelquefois une tige de 1 pied (30 centim.) de
circonférence, lisse, droite, et de 30 à 40 pieds de haut (de 9
à 12 mètres).

Ils l'emportent de beaucoup sur ceux que j'avais pu voir
dans toute la contrée, et il serait fort à désirer que l'on pût
parvenir à les multiplier dans nos possessions de l'Inde.

Le Bambou est un des arbres les plus précieux pour la
Chine, en ce sens qu'on l'emploie à toute espèce d'usage. Il
sert à faire les chapeaux et les boucliers des soldats, des para-
sols, des semelles de souliers, des petits mâts, des perches,
des mesures de capacité, des paniers, des cordages, du papier, des portecrayons, des balais, des brancards, des tuyaux
de tout genre, des porte-fleurs, des treillages pour les jardins;
de ses copeaux ou rognures on fait des coussins ; avec ses
feuilles on confectionne une espèce de vêtement grossier
très-bon pour les temps humides, et que l'on nomme *Sho-e*,
ce qui signifie littéralement : vêtement de feuilles.

Pour ce qui concerne la navigation, le Bambou offre encore d'utiles applications; on en fait des voiles, des couvertures de bateaux; des manches de lignes, des paniers à poisson, des bouées; les catimarons, espèces de bateaux grossiers ou plutôt de radeaux servant de bacs, ne sont composés que de tiges de Bambou fortement liées ensemble.

En ce qui tient aux travaux agricoles, le Bambou est employé pour amener les eaux sur les terres que l'on veut arroser; il entre dans la confection des roues à eau, des charrues, des herses et de presque tous les instruments aratoires.

Les meubles de Ning-Po, les plus beaux et les plus estimés de toute la Chine, sont souvent ornés d'incrustations de Bambou, représentant des hommes, des animaux, des temples, des pagodes, etc., et ces espèces d'ornements sont peut-être, par la bizarrerie de leurs inventions, ce qui est le plus propre à donner une idée exacte de la Chine et des Chinois. On fait cuire les jeunes pousses et on les mange, ou l'on en fait des conserves. Une substance qui se trouve à la jonction des nœuds a des propriétés médicinales. Dans les districts à Thé cet arbre sert à la confection des tables à rouler, des paniers, des cribles (1), des ustensiles pour le transport des caisses de Thé.

Quelque incrédulité que cette longue énumération puisse trouver chez le lecteur, j'ajouterai que je suis loin d'avoir cité tous les usages du Bambou en Chine, et en vérité il serait presque aussi difficile de dire à quoi il ne sert pas que d'indiquer tous les emplois qu'on lui donne; on le demande partout et pour tout; il est utile aux Chinois pendant toute leur vie et ne les abandonne même pas à leur mort, puisqu'il sert à ombrager leur tombe.

———

Quelques jours après cette excursion, je louai un bateau pour me conduire à *Kintang*, ou Silver-Island, une des îles

(1) Voir le chapitre de la préparation du Thé, page 9.

de l'archipel de Chusan, située entre cette dernière île et l'embouchure de la rivière de Ning-Po, vers le 30ᵉ degré de latitude nord. Elle a environ 1 myriamètre et demi de longueur sur 3 ou 4 kilomètres dans sa partie la plus large. On y cultive l'arbre à Thé plus que dans aucune autre île de cet archipel. Le Thé qu'on y fabrique est bon, mais il ne sert qu'à la consommation de l'île ou du littoral, et nullement à l'exportation, n'étant pas préparé de manière à satisfaire le goût des Anglais et des Américains. On y trouve aussi l'arbre à suif et le « Tung-Eau » (Dryandra cordata), qui tous deux fournissent des articles d'exportation. Le premier, dont j'ai déjà parlé, est bien connu pour le suif et l'huile qu'on en retire; le second donne une huile très-estimée qui s'emploie dans la fabrication du vernis si réputé de ce pays, et par ce motif on le désigne souvent sous le nom d'arbre à vernis (varnish tree).

. . . .

Pendant mon séjour à Ning-Po, j'eus occasion d'observer, dans un jardin, une très-belle variété de *Nelumbium* que je désignerai sous le nom de *Nelumbium vittatum* à cause de l'élégance de ses fleurs.

Cette variété est très-rare dans cette partie de la Chine, à tel point que je ne pus pas parvenir à m'en procurer un pied pour envoyer en Angleterre.

Bien que ces plantes soient généralement élevées en serre dans ce dernier pays, il est certain qu'elles peuvent supporter une température très-basse pendant l'hiver. Elles abondent dans toute la province de Kiang-Nan, à Shanghaï, à Soo-Chow, à Nanking, où les hivers sont très-rudes. Les étangs et les lacs y gèlent fréquemment, et il n'est pas rare d'y voir le thermomètre descendre à quelques degrés au-dessous de zéro. Pendant le printemps et l'été, le *Nelumbium* accomplit toutes les phases de sa végétation, feuilles, fleurs et fruits. En automne, toutes les parties de la plante visibles à la surface de l'eau périssent; il ne reste de vivant que ses grandes racines, qui demeurent enfouies dans la vase, et elles restent à l'état stagnant jusqu'au moment où le printemps vient ranimer la végétation.

Nous devons étudier les habitudes de cette plante, si nous voulons parvenir à la faire prospérer chez nous et suivre la marche de la nature. Nos étés ne sont probablement pas assez chauds pour que nous puissions l'abandonner à elle-même dans nos étangs ; mais, si nous jugeons à propos de lui fournir une chaleur artificielle pendant cette saison, il ne faudra pas oublier que, l'hiver, elle doit rester à l'état stagnant.

En Chine, le *Nelumbium* (ou Lien-Wha) est cultivé sur une grande échelle pour ses bulbes, que l'on considère comme une des meilleures racines alimentaires, et dont toutes les classes de la population font une consommation considérable. Ces racines atteignent tout leur développement au moment où les feuilles périssent ; on les enlève alors, et tous les marchés du Nord en sont amplement fournis pendant l'hiver. Malgré l'estime des Chinois pour ce mets, les étrangers en font, en général, peu de cas. On en fait, du reste, une espèce d'Arrow-Root qui est excellente, et que l'on considère comme égale en qualité à celle des Indes occidentales. Les graines, que l'on sert rôties, sont aussi très-recherchées.

———

Rien ne me retenant plus à Ning-Po, je retournai à Shanghaï, où j'arrivai vers la mi-janvier, c'est-à-dire dans le fort de l'hiver des Chinois. C'est aussi chez eux l'époque du renouvellement de l'année, et il se fait alors un immense débit de fleurs de toute espèce.

En visitant les magasins des horticulteurs de Shanghaï, je fus surpris d'y trouver un grand nombre de fleurs provenant de cultures forcées et qui étaient toutes prêtes pour la vente. C'est alors seulement que j'appris que la pratique des cultures forcées pour les fleurs était très-répandue en Chine.

Ainsi beaucoup de *Magnolia purpurea* étaient alors en pleine fleur, ainsi que plusieurs espèces de Pêcher à fleurs

doubles, le joli petit *Prunus sinensis alba* et divers Camélias. Mais ce qui me frappa le plus, ce furent les *Pæonia
moutan* (Pivoine en arbre). Plusieurs variétés de cette plante
étaient en pleine fleur, et à cette époque de l'année, où tout
à l'extérieur était hâlé par le froid, elles avaient un air de
vigueur et une fraîcheur des plus remarquables. Les fleurs
étaient liées, pour les empêcher de se développer trop rapidement. Toutes ces plantes avaient été apportées de la célèbre
cité de Soo-Chow-Foo, le grand dépôt de tout ce que la Chine
renferme de luxueux et de fashionable.

On pourrait croire que les horticulteurs chinois ont des
châssis, des serres vitrées, des conduits d'eau chaude, enfin
tous les appareils de ce genre employés par les jardiniers et
amateurs européens. Rien de tout cela ; ils obtiennent tous
ces résultats sous de petits abris ou auvents, dans leurs maisons, chauffées tout simplement au charbon de bois, avec
des bourrelets en paille aux jointures des portes et des fenêtres.

A cette époque (15 janvier), le Kum-Quat (*Citrus japonica*), dont on élève en pots des quantités considérables, est
littéralement couvert de ses petits fruits de forme ovale, d'une
couleur jaune orangé. On le mêle, ainsi que plusieurs autres
espèces d'Oranger, avec les fleurs forcées, et cette réunion
produit un excellent effet pour le coup d'œil. Je suis convaincu que, si le Kum-Quat était plus connu parmi nous, il
serait fort recherché pour l'ornementation horticole pendant
les mois d'hiver. Il est beaucoup plus rustique qu'aucun
autre de sa tribu, il produit des fleurs et des fruits en grande
abondance, et je ne doute pas qu'il ne soit d'une culture
très-facile ; mais, pour réussir à cet égard aussi bien que les
Chinois, il y a une circonstance qu'il ne faut pas perdre de
vue, savoir que tous les arbres de la tribu des Orangers qui
portent fruit à l'état d'arbre nain sont greffés.

Il y a encore un autre arbre qui remplace notre Houx ordinaire. C'est le *Nandina domestica*, nommé par les Chinois
« Tein-Chok » ou Bambou sacré. A cette époque, on en

cueille les branches et on les colporte dans les rues par toutes les villes. Chacune de ces branches est couronnée par une grappe de baies rouges à peu près comme celles du Houx, et qui, par leur contraste avec le vert foncé et brillant des feuilles, produisent un agréable effet.

On s'en sert pour la décoration des autels non-seulement dans les temples, mais aussi dans les maisons et les bateaux ; car en Chine chaque maison et chaque bateau a son autel, et c'est de là que lui est venu le nom de Bambou sacré.

Le *Nandina* se trouve dans les jardins en Angleterre ; mais, à en juger par ceux que j'y ai vus, on ne peut guère se faire une idée de sa beauté. Il ne paraît pas, d'ailleurs, qu'il donne autant de fruits qu'en Chine ; ce qui tient sans doute à ce que la température de nos étés est plus basse que celle de son pays natal.

En fait de fleurs d'hiver, la plante la plus recherchée et la mieux soignée en Chine est le *Chrysanthemum*, bien qu'il soit vrai de dire qu'à l'époque du nouvel an elle n'est plus tout à fait dans son plus beau moment. Pour les Camélias, les Azaléas, les Roses, le jardinier anglais l'emporte sur le jardinier chinois ; mais pour la culture du Chrysanthemum celui-ci n'a pas d'égal ; il excelle surtout à leur donner à volonté les formes les plus variées ; il semble, en vérité, que ces plantes font la moitié du chemin et se prêtent d'elles-mêmes à toutes ses fantaisies. J'en ai vu qui avaient la forme d'animaux, de chevaux, de daims, d'autres qui imitaient des pagodes ; mais, soit qu'elles aient subi toutes ces transformations, soit que le jardinier les laisse venir dans leur forme naturelle, elles sont toujours dans le meilleur état de santé, les feuilles toujours d'un beau vert, et ne manquent jamais de donner des fleurs à profusion en automne et en hiver.

Voici comment on cultive le Chrysanthemum en Chine : des boutures sont faites, chaque année, avec les nouvelles pousses, comme nous le faisons en Angleterre ; quand elles ont pris racine, elles sont placées dans les pots, où elles doivent rester et fleurir.

La terre mise dans les pots pour cette culture est de la meilleure qualité. Aux environs de Canton, on la compose ordinairement de la vase des étangs où croissent le *Nelumbium* ou le *Lotus*. On la laisse sécher et se réduire en poudre pendant plusieurs mois; ensuite on la mêle à de l'engrais humain que fournissent les dépôts formés dans chaque jardin. On laisse encore quelque temps le mélange se mûrir avant de l'employer; on le retourne plusieurs fois, et alors il est bon à mettre dans les pots qui reçoivent les Chrysanthemum. On arrose ensuite fréquemment les plantes avec le purin qui s'écoule des dépôts dont je viens de parler, et ses effets se connaissent promptement à la vigueur de la végétation et à la belle couleur vert foncé des feuilles.

Voici le système adopté pour former la plante en belles touffes compactes, ce que je préfère de beaucoup, pour mon compte, aux animaux et aux pagodes. On ne laisse d'abord à la plante qu'une seule tige : elle est forcée de pousser, à sa tige, un grand nombre de jets latéraux, qui sont réunis et liés avec un fil de soie. En ayant soin de maintenir ainsi les branches réunies en touffes autour de la tige principale, on entretient la vigueur des feuilles, qui se manifeste par leur belle couleur verte, et on obtient une plante touffue, garnie au sommet, formant bien le bouquet.

A Shanghaï et à Ning-Po, les Chrysanthemum sont, en général, mieux soignés que du côté de Canton; mais les beaux résultats qu'on y obtient doivent aussi être attribués, en grande partie, à l'influence du climat natal, la plante étant originaire des provinces du centre et du nord de l'empire. Quant au mode de culture, il est à peu près le même, au moins pour les points principaux que je viens de mentionner. Les Chinois aiment beaucoup les fleurs à larges dimensions, et pour les obtenir ils ont soin, en général, d'enlever tous les boutons qui leur paraissent trop petits.

Le Chrysanthemum est la fleur de toutes les classes en Chine. On la voit partout, chez le riche comme chez le pauvre, dans la chaumière du petit laboureur comme dans

12

la splendide habitation du mandarin à bouton rouge.

Quoique nous soyons redevables aux Chinois de l'introduction de cette plante, il est certain qu'elle a donné, en
Europe, plus de nouvelles variétés qu'en Chine. Quelques-uns
de ces magnifiques Chrysanthemum, obtenus en France par
M. Salter, exciteraient certainement l'admiration et l'éton-
nement des Chinois eux-mêmes, et, ce qui est assez remarquable, c'est que plusieurs de ces charmantes variétés, telles
que le *formosum* et le *lucidum*, qui se sont originairement
produites de semence en Europe, se retrouvent aujourd'hui
dans le nord de la Chine.

CHAPITRE XXI.

Jardins et pépinières de Shanghaï.

Je quittai de nouveau Hong-Kong pour Shanghaï, où j'arrivai au mois d'avril 1850. Les arbres et arbustes commençaient à fleurir, et l'aspect de la campagne était charmant.

Profitant de la beauté du temps et de plusieurs jours de
loisir, je résolus d'aller revoir les jardins près de cette ville,
dont je savais que quelques-uns offraient un véritable intérêt.

Le premier que je visitai est à 2 ou 3 kilomètres sud-ouest
de la ville, et il est bien connu de tous les résidents étrangers sous le nom de *Jardin du sud* (South-Garden). C'est un
de ceux dans lesquels j'avais trouvé quelques plantes nouvelles à mon premier voyage en Chine; il s'étend sur environ 1 hectare de terrain et il est entouré, comme la plupart
des autres jardins, d'un fossé qui communique avec des canaux dans lesquels entre la marée. La première chose qu'on
trouve en entrant est un assez chétif bâtiment, d'un seul
étage, qui forme l'habitation du jardinier et de toute sa famille.

Ce jardin contient plusieurs des belles plantes importées par la Société d'horticulture de Londres de 1843 à 1846. Dans quelques pots, près de l'entrée, se trouvaient de beaux spécimens d'une plante bien connue aujourd'hui, le *Weigela*, de l'*Indigofera decora*, du *Forsythia viridissima*, et une jolie variété blanche du *Wistaria sinensis*. Près du fossé se trouvaient rangés de magnifiques *Edgeworthia chrysantha*, des *Gardenia florida Fortuniana* croissant en pleine terre. Plusieurs de ces derniers avaient environ 4 pieds (anglais) [1^m,20] de hauteur et 15 pieds (4^m,50) de circonférence.

Ce *Gardenia*, lorsqu'il est couvert de ses fleurs ressemblant à celles du Camélia, est d'une beauté remarquable, et en tout temps, d'ailleurs, il forme un joli buisson toujours vert. Dans une plate-bande au milieu du jardin, la variété blanche du *Platicodon grandiflora* et le *Dielytra spectabilis* s'étalaient en pleine fleur; ces deux plantes étaient d'un admirable effet, surtout la dernière. Ses grandes fleurs en forme de bourse, de couleur rouge clair, marquées de blanc à leur extrémité et tombant avec grâce d'une branche formant la courbe, en font une plante du plus grand intérêt, et qui, sans aucun doute, jouira d'une grande faveur en Angleterre. Je vis aussi près de là plusieurs espèces de Rosiers en pots, et parmi eux la nouvelle variété de Rose jaune, nommée *couleur Saumon* (Salmon coloured), et qui a été introduite par la Société d'horticulture. Cette variété me paraît mériter plus d'estime qu'elle n'en a obtenu lors de son introduction, et je ne doute pas qu'elle ne soit plus appréciée lorsqu'on la connaîtra davantage, et surtout lorsqu'on la cultivera mieux. Il convient de la placer à l'exposition du sud ou de l'ouest, à l'abri d'un mur sur lequel elle puisse grimper. Elle croît rapidement, donne des Roses d'une très-belle couleur et en grande quantité.

Je remarquai dans ce même jardin plusieurs jeunes sujets du *Chamœrops excelsa* dont j'ai déjà parlé : il est très-rustique aux environs de Shanghaï et brave, sans aucun abri, les hivers les plus rudes. Il y avait plusieurs autres espèces

de Palmier, mais qui ne jouissent pas de la même rusticité ;
quelques beaux Pêchers à fleurs doubles, dont deux surtout
ont été décrits, par le docteur Lindley, dans le journal de
la Société d'horticulture , et nommés l'un *Pêcher double
blanc*, l'autre *Pêcher cramoisi double ;* mais, quelque belles
que soient ces deux variétés, il y en a une troisième qui
l'emporte encore sur elles : elle donne de grandes fleurs
blanches doubles, rayées de lignes rouges ou cramoisies. Un
de ces arbres en pleine fleur est certainement le plus bel
objet qu'on puisse imaginer. — Quelquefois certaines branches offrent des fleurs d'une seule couleur, sans rayures,
mais toujours rouges ou cramoisies.

Cet arbre vient d'être introduit en Angleterre, et dans
quelques années il fera un des plus beaux ornements de nos
jardins à l'époque du printemps.

Cette variété semble convenir particulièrement pour les
cultures forcées, attendu qu'elle forme ses boutons à fleur
dès l'automne et est prête à fleurir dès que la température
s'adoucit un peu au printemps. En conséquence, il est certain qu'un peu de chaleur artificielle l'amènerait facilement
à fleurir pour le nouvel an ou, au moins, du 1er janvier au
1er mars.

Dans le centre de « South-Garden » se trouve le tombeau
de la famille, espèce de tumulus couvert d'une quantité de
jolies fleurs.

Cette partie du jardin contient une collection assez nombreuse d'arbustes et même d'arbres connus plus ancienne-
ment que ceux dont je viens de donner le détail. On y voit
des massifs d'un très-bel arbuste , le Reeves' Spiræa *(S. Reevesiana)*, le Genévrier de la Chine, l'*Hibiscus syriacus*, le
Wistaria sinensis, des *Lagerstrœmia*, et l'une des plantes favorites des Chinois, le « La-Maé » *(Chimonanthus)*, dont les
dames ornent leurs cheveux.

Après South-Garden, j'allai visiter « Moutan-Gardens » (jardin des *Pœonia-moutan*, Pivoines en arbre), situé à 5 ou 6 kilomètres ouest de Shanghaï, au milieu d'un vaste territoire consacré à la culture du Coton. En m'y rendant, je rencontrai un grand nombre de coolies portant des paniers remplis de Pivoines en arbre, en pleine fleur, qu'ils portaient au marché. Arrivé au jardin, j'y vis une quantité de ces mêmes plantes, les plus belles possible. Celles de couleur pourpre et lilas étaient surtout remarquables. Il y en avait une très-petite qui me parut former une espèce à part, à feuilles gracieusement découpées, portant des fleurs d'un velours pourpre foncé, comme la Rose de Toscane cultivée en Angleterre. C'est celle que les Chinois nomment « Black » (Pœonia noire), et je crois que c'est la même que le docteur Lindley a décrite dans le journal de la Société sous le nom de *Pœonia atrosanguinea*. Une autre espèce, nommée en chinois « Tse » (pourpre), porte des fleurs d'une grande dimension. C'est probablement la variété dite *à mille pétales*, et qui est réservée pour le jardin de l'Empereur. Enfin une troisième est nommée « Lan » ou Pœonia bleue : elle a des fleurs de la couleur du *Wistaria sinensis*. Il y a plusieurs autres variétés de Pœonia pourpre, parfaitement distinctes de celles dont je viens de parler, et aussi belles.

Les doubles blanches sont très-nombreuses et très-belles. La plus grande est celle que le docteur Lindley a nommée **P.** *globosa*; mais il y en a cinq ou six autres presque aussi grandes et doubles. Quelques-unes ont une légère teinte lilas qui ajoute encore à l'éclat de la fleur. La plus chère est une variété nommée « Wang » (jaune); elle est, en effet, de couleur paille, assez jolie, mais non à comparer, suivant moi, à quelques-unes de celles que je viens de citer.

Les Pœonias rouges (Hong) sont aussi très-nombreuses dans ce jardin, et, chose remarquable, ces espèces, qui sont communes à Canton et même en Angleterre, sont rares à Shanghaï. Moutan-Gardens contient environ une demi-douzaine de nouvelles variétés de cette couleur; une d'elles,

nommée « Van-Yang-Hong, » est la plus belle plante que j'aie
jamais vue. Les fleurs sont d'un rouge clair, différemment
nuancées, parfaitement doubles, et chacune d'elles mesure
10 pouces (anglais) [25 centimètres] de diamètre. J'en ai
compté jusqu'à trente variétés distinctes.

Presque toutes ces belles variétés de Pivoines en arbre sont
complétement inconnues à Canton. Cela peut paraître étrange
chez une nation aussi éprise des fleurs que les Chinois ; mais
ce peuple est tellement routinier et stationnaire dans ses habitudes, que quiconque l'a vu de près cesse de s'étonner de
ces anomalies. Le fait est que les jardins de Canton abondent
en fleurs importées d'un autre district bien plus éloigné vers
l'ouest que Shanghaï. De temps immémorial ce district fournit à Canton ces mêmes plantes qui suivent toujours la même
route et arrivent à la même époque ; tandis que, jusqu'à la
fin de la dernière guerre, Canton paraît n'avoir jamais eu
aucun rapport avec Shanghaï en ce qui concerne le commerce des fleurs. Conséquemment, ces belles Pivoines qu'on
cultive près de cette dernière ville n'ont jamais pu prendre
leur route vers le sud de la Chine pour de là venir en Europe.

Ce qu'on appelle Moutan-Gardens se subdivise en plusieurs
petits jardins. Ils ressemblent plus à des dépendances d'un
cottage qu'à toute autre chose, et sont soignés de la même
manière, c'est-à-dire exclusivement par la famille. La partie
féminine de la communauté n'y apporte pas moins de soin
que les hommes, et paraît même plus intéressée et plus âpre
au gain. J'ai remarqué que je payais toujours plus cher une
plante quand la femme se mêlait du marché.

Le sol de ces jardins est un riche loam bien fumé, et par
suite plus ameubli que le terrain environnant occupé par les
Cotonniers.

La multiplication et la culture de la Pivoine en arbre paraissent mieux entendues à Shanghaï qu'en Angleterre. Nos
pépiniéristes se plaignent toujours de ne pouvoir la multiplier que très-difficilement, et en conséquence elle reste in-

variablement à un prix très-élevé. Voici quelle est la méthode
suivie par les jardiniers chinois :

Au commencement d'octobre, on voit de grandes quantités
de racines de Pivoine herbacée entassées sous des abris ou
des hangars. Elles sont destinées à être greffées pour la reproduction de la Pivoine en arbre. Le groupe de tubercules
dont se compose la racine est divisé par fragments qui servent de sujets sur lesquels la Pivoine moutan sera greffée.
Ayant posé une certaine quantité de ces racines sur la couche où elles doivent être mises en pot, on apporte alors des
greffes de la plante qu'on désire multiplier ; on choisit la
pointe d'un bourgeon produit pendant l'été. Chacun de ces
bourgeons n'a pas plus de 1 pouce et demi à 2 pouces (anglais)
[3 à 4 centimètres] de longueur ; sa base est taillée en forme
de coin et introduite dans la partie supérieure de la racine
de Pivoine herbacée. Cette greffe est liée ou assujettie avec
de l'argile de la manière ordinaire, et l'opération est terminée.

Lorsqu'un assez grand nombre de pieds ont été préparés
de cette manière, on les porte à la pépinière, où ils sont
plantés en lignes à environ 1 pied et demi (45 centimètres)
de distance, et en laissant le même intervalle entre chaque
rangée. Dans cette opération, on ne laisse sortir de terre que
le bouton ou l'extrémité du scion. Le point de jonction entre
le sujet et la greffe où la reprise doit s'opérer est toujours
enterré au-dessous de la surface du sol. Kaempfer dit que les
Chinois multiplient la Pivoine par la greffe en écusson ; mais
c'est une erreur. Cette méthode n'est pratiquée nulle part
en Chine, où on ne la comprend même pas. Kaempfer a été
sans doute trompé par l'aspect de la petite portion de la greffe
que l'on emploie et qui, en effet, a généralement un simple
bouton à son extrémité.

Des milliers de plantes sont greffées de cette manière chaque automne, et en voyant le peu de places qui restent vides
dans chaque ligne, il est facile de reconnaître que l'opération
réussit très-bien. En effet, il est rare qu'une greffe vienne à

manquer. Au bout d'une quinzaine de jours, tout au plus, la reprise est complète, et au printemps la plante bien constituée accomplit les phases de sa végétation dans les meilleures conditions.

Ces Pivoines greffées fleurissent souvent dans le premier printemps, rarement plus tard que la seconde année, et alors on les relève pour les porter au marché. Lorsque la plante n'a qu'une tige et un seul bouton à fleur, elle a plus de valeur aux yeux du pépiniériste que si elle était plus garnie. Dans cet état, elle se vend mieux, attendu qu'elle produit une très-grande fleur, et qu'elle est, d'ailleurs, plus commode à lever et à porter au marché. J'en ai fait l'expérience personnelle, ayant toujours dû payer plus cher les petites plantes que les grandes, et ce par le motif que je viens d'indiquer.

Dans les jardins des mandarins les Pivoines en arbre atteignent souvent un grand développement. Il y avait près de Shanghaï, à l'époque ou j'y étais, un pied qui produisait de trois à quatre cents fleurs chaque année. Son propriétaire lui portait la même affection et les mêmes soins que l'amateur de Tulipes à sa plus belle plate-bande. Lorsqu'elle était en fleur, il ne manquait pas de la garantir des rayons du soleil par une espèce de tente ou d'abri en canevas, et il avait fait placer en face un siége où il venait souvent s'installer pour la contempler. Il y restait, chaque jour, des heures entières, fumant pipe sur pipe, savourant de nombreuses tasses de Thé, et ne cessait, pendant tout le temps, d'admirer les charmes de sa « Moutan-Wha » favorite. Il est certain que c'était une splendide plante, bien digne du culte assidu que lui rendait son heureux possesseur.

La Pivoine en arbre se trouve à l'état sauvage dans les montagnes du centre, et elle est cultivée comme plante de jardin dans tout le reste de l'empire. Les Chinois lui donnent le nom de « Moutan-Wha, » et c'est ce qui a fait que les botanistes européens, conservant à cette espèce le nom chinois, l'ont appelée *Pæonia Moutan*. On la trouva d'abord dans les jardins des environs de Canton, mais ce n'est pas de là qu'elle est originaire ; les jardiniers de cette partie de la Chine en font un grand commerce avec les horticulteurs qui la leur apportent des provinces de Hoo-Nan, et de la partie orientale du Kiang-Nan, c'est-à-dire d'une distance d'au moins 150 myriamètres. Ces transports ont lieu pendant l'hiver, alors que les plantes sont dépourvues de feuilles et à l'état de repos. Les racines sont empaquetées dans des paniers avec un peu de terre, et voyagent ainsi par tout l'empire sans éprouver aucune altération. Aussitôt leur arrivée, elles sont mises en pot par les jardiniers, et à raison de la différence de température elles ne tardent pas à fleurir. Dans les mois d'hiver, on ne voit que rarement de la neige sur les montagnes des environs de Canton et de Hong-Kong, et le temps est quelquefois très-doux. Dès lors on conçoit que ce changement de climat agit sur les plantes presque comme l'atmosphère d'une serre et accélère la floraison. Dès que les boutons à fleur sont bien formés, les gens du pays s'empressent de faire leurs achats pour la décoration de leurs appartements et de leurs fenêtres.

Le prix de chaque pied varie, non pas à raison de sa dimension ou de sa force, mais suivant le nombre de boutons qu'il porte. La première chose que fait un pépiniériste quand on lui demande le prix d'une Pivoine en arbre, c'est de compter les boutons. Si elle n'en a qu'un, c'est un quart de dollar (1) ; si elle en a deux, un demi-dollar, et ainsi de suite ; et cela se conçoit. Cette plante, transportée des provinces du nord-ouest dans le climat chaud de la Chine méridionale, n'a qu'une courte durée. Arrivée dans de bonnes conditions de force et de santé, elle fleurit très-bien la première année ; puis, se trouvant privée de la période de repos dont elle jouit dans son habitat naturel et qui est due à la rigueur de l'hiver, elle languit, et, si elle ne meurt pas, elle perd beaucoup de sa beauté et cesse d'avoir du prix comme plante d'ornement. Il en résulte que les Chinois du sud n'essayent

_____

(1) Le dollar vaut environ 5 fr. 40 cent.

même jamais de la conserver après qu'elle a fleuri une fois.
Dès lors il est naturel que sa valeur vénale soit proportionnée
à la quantité de fleurs qu'on peut en attendre. Telles sont
les circonstances qui entretiennent le commerce annuel entre
Canton et le pays d'origine de la Pivoine en arbre.

Suivant Loudon, la première fut introduite en Europe
en 1787. Dans son *Arboretum et fruticetum britannicum*,
nous trouvons la notice suivante : « D'après les dessins chi-
« nois et les louanges excessives données à cette plante dans
« les mémoires des missionnaires, sir Joseph Banks et quel-
« ques autres botanistes désiraient vivement l'introduire en
« Angleterre. Sur l'invitation de sir Joseph Banks, M. Dun-
« can, médecin attaché au service de la compagnie des Indes,
« parvint à s'en procurer un pied qui fut envoyé à Londres
« en 1787 et placé au jardin royal de Kew.

« Une des plus larges Pivoines en arbre qu'on eût encore
« vues depuis cette époque existait encore récemment (1825)
« à Spring-Grove, où elle avait été plantée par sir Joseph
« Banks lui-même. Elle avait de 6 à 8 pieds (de 1^m,80 à 2^m,40)
« de hauteur, et 8 à 10 pieds (2^m,40 à 3 mètres) de diamètre.
« Il y en a également de très-belles au midi de Londres, à
« Rook's-Nest, près de Godstone, Surrey, qui ont été plan-
« tées en 1818. Dans la direction du nord, chez sir Abraham
« Hume, à Wormbeybury, Hertfordshire, existe la plus grande
« Pivoine de tout le comté. Elle a 7 pieds (2^m,10) de haut, et
« forme un buisson de 14 pieds (4^m,20) de diamètre après
« trente ans de plantation. Elle supporte, en général, assez
« bien l'hiver ; mais, si les boutons à fleur sortent trop tôt en
« février, il devient indispensable de la couvrir légèrement
« avec un paillasson.

« En 1835 elle portait trois cent vingt fleurs, toutes très-
« bien formées ; mais on assure qu'elle a donné jusqu'à trois
« fois ce nombre.

« Dans plusieurs parties de l'Écosse, les Pivoines en arbre
« pourront venir sans abri, et près de la mer elles réussi-
« ront aussi bien qu'en Angleterre. Les plus belles plantes

« connues jusqu'ici dans cette partie du Royaume-Uni sont
« à Hopeton-House et à Dalkeith-Park. En Irlande, cette
« plante atteint de grandes dimensions sans avoir presque
« besoin d'abri, ainsi qu'on le voit par un spécimen existant
« chez lord Ferrand, et qui a 12 pieds (3ᵐ,60) de hauteur. »

Quelques jours après avoir visité le jardin des Pivoines,
j'allai voir celui des Azaléas, qui est également très-digne d'intérêt. A 5 ou 6 kilomètres de la ville se trouvent deux pépinières, dont chacune contient une très-belle et très-considé-
rable collection. On les désigne sous le nom de Pou-Shan
Gardens, et elles sont fréquemment visitées par les étrangers.
La route traverse un pays très-uni et très-bien cultivé. On
apercevait çà et là des massifs d'arbres de deux sortes bien
tranchées. Les arbres à feuilles caduques, recouverts d'une
fraîche verdure à laquelle les insectes n'avaient encore fait
aucun tort, annonçaient l'existence d'un village. Les arbres
verts, parmi lesquels dominaient les Cyprès et les Genévriers,
étaient surtout placés près des tombes disséminées dans la
campagne.

En une heure de marche j'atteignis Pou-Shan Gardens. Le
jardinier me reçut très-bien, m'offrit la tasse de Thé de rigueur, après quoi il s'empressa de me faire voir l'établissement.

A la façade de la maison, sur trois ou quatre rangées de
tablettes, figuraient des plantes japonaises dont le brave
homme avait une assez belle collection. Il me fit ensuite remarquer, au même endroit, une petite espèce de Pin très-
estimée, et qui, lorsqu'on peut la réduire à l'état d'arbre nain,
a beaucoup de valeur. Il est généralement greffé sur une
espèce de Stone-Pine (1).

L'*Azalea obtusa* placé sur les tablettes, et quelques-unes de
ses variétés semi-doubles très-prisées des Chinois, étaient en
pleine fleur. Je n'ai jamais vu, en Angleterre, cette plante

---

(1) *Pinus pinea* (*Stone-Pine*), Pin à tête ronde.

briller d'un éclat aussi vif qu'en Chine. Je vis là une très-jolie variété, tout à fait nouvelle, qui porte en très-grande quantité de petites fleurs rouges semi-doubles. Je ne doute pas qu'elle n'ait beaucoup de succès parmi mes compatriotes. La nouveauté de sa nuance, ses petites feuilles, la pureté de ses formes la rendront très-précieuse pour les bouquets et pour l'ornement des habitations. Je l'ai nommée *Azalea amœna*, et elle est maintenant en Angleterre.

A côté des Azaléas je remarquai un joli arbrisseau, tout nouveau également, que je pris d'abord, par erreur, pour un Houx. Je reconnus bientôt que c'était une espèce de *Skimmia*, dont le docteur Lindley a parlé comme d'un *Skimmia japonica*. Elle diffère complétement de la plante connue sous ce nom dans nos jardins, et je propose de la nommer *Skimmia Reevesiana* (1). Elle produit une prodigieuse quantité de fleurs blanchâtres d'un parfum délicieux, et se couvre ensuite de grappes de petites baies rouges comme notre Houx.

Ses feuilles toujours vertes, son port élégant ajoutent encore à sa beauté, et elle ne peut manquer de devenir une de nos plantes favorites. Les Chinois la nomment *Wang-Shang-Kwei*. On dit qu'elle a été découverte dans le Wang-Shang, une célèbre montagne du district de Hwuy-Chow.

Après avoir examiné les plantes placées sur les tablettes, j'entrai dans la division principale du jardin, située derrière la maison, et je pus jouir alors d'un magnifique coup d'œil. Deux énormes masses d'Azaléas couverts de fleurs brillantes étaient rangées de chaque côté d'un petit mur très-bas, et ce n'étaient pas des variétés médiocres. Le plus grand nombre appartenait à la même section que l'*A. indica* (les variétés de l'*A. variegata* ne fleurissant pas sitôt); les autres espèces, si communes à Canton et dans tout le midi de la Chine,

---

(1) Pour rendre hommage à John Reeves, esq., qui a introduit dans notre pays beaucoup de plantes de Chine, et qui m'a été d'un grand secours pendant la durée de ma mission en Chine.   R. F.

étaient ici comparativement rares. Une autre variété très-belle, tenant assez de l'*A. indica* et à feuilles demi-persistantes, avait des fleurs panachées bleu pâle et lilas, ou bien des taches de cette dernière couleur sur un fond blanc. Quelquefois elle joue ; ainsi, à côté de ses fleurs couleur de chair, elle en porte, sur le même pied, d'autres de couleur pourpre. On a nommé cette variété *Azalea vittata*. Il y a encore une espèce voisine de celle-ci, et que j'ai nommée *A. beatei*, portant des fleurs rayées de rouge.

Celles-ci sont tout à fait nouvelles et fleurissent de bonne heure au printemps, environ trois semaines ou un mois avant la section à laquelle appartient l'*Azalea variegata*. Une variété rouge qui fleurit tard mérite aussi d'être mentionnée. Sa structure diffère de toute autre espèce connue ; ses feuilles sont d'un vert foncé brillant et toujours vertes. Ses fleurs sont d'un rouge clair et très-grandes. Chaque fleur porte bien 3 à 4 pouces (anglais) [8 à 10 centimètres] de diamètre. On m'a dit que c'était une espèce japonaise. On voit maintenant des spécimens de cette belle plante dans quelques jardins d'Angleterre.

Passant ensuite un petit pont de bois, j'entrai dans le troisième compartiment du jardin, ne contenant qu'une collection d'arbustes communs du pays. Le long des bords d'un fossé dans lequel monte la marée se trouve une rangée d'*Olea fragrans*. C'est le fameux Kwei-Wha des Chinois et une de leurs plantes préférées. Elle forme un buisson assez développé, à peu près de la forme d'un Lilas, et fleurit en automne. Il y en a trois ou quatre, dont la différence essentielle consiste dans la couleur des pétales.

Celles qui donnent des fleurs d'un jaune brunâtre sont les plus belles et les plus estimées des Chinois. On en voit des touffes près de tous les villages des provinces du nord-est, et elles abondent dans les jardins et pépinières. A l'automne, lorsqu'elles sont en fleur, l'air, aux environs, est littéralement saturé du parfum le plus délicieux. Un seul pied suffit pour embaumer tout un jardin.

En Angleterre, nous ne nous doutons pas de la beauté de ces charmantes plantes; aussi suis-je assuré qu'il suffira que nos jardiniers s'en emparent pour être amplement payés de leur peine. Tout ce qu'il lui faut, c'est une serre froide à châssis mobile, de manière à ce que les plantes puissent être à l'air libre pendant une partie de l'année.

L'été, pendant le temps de sa croissance, elle exige une chaleur humide pour que la partie ligneuse encore jeune puisse s'aoûter. En automne, il faut la tenir dans une température assez sèche, et l'hiver ne pas chauffer la serre ou très-peu. De la sorte, elle se trouvera soumise à un régime analogue à celui de sa contrée natale. Dans le centre et dans le nord de la Chine, où l'*Olea fragrans* réussit beaucoup mieux que sous le climat chaud du midi, les hivers sont souvent très-froids. Le thermomètre (Fahr.) y est quelquefois à plusieurs degrés au-dessous de glace. Les étés sont très-chauds. Dans les mois de juin, juillet et août, le thermomètre marque, pendant le jour, entre 80° et 100° Fahr. (26° et 38 centigrades). Les mois de mai et de juin sont, en général, humides.

Les fleurs du Kwei-Wha procurent de grands bénéfices aux petits horticulteurs ou aux pépiniéristes qui en approvisionnent le marché. Les grandes villes en font d'immenses achats. Les dames aiment beaucoup à en mettre des couronnes dans leurs cheveux. On les fait aussi sécher pour les mettre dans les vases qui ornent les habitations. Enfin, comme je l'ai déjà indiqué, on les mêle avec les Thés de qualité supérieure pour les parfumer.

Avant de quitter Azalea-Gardens, je dois signaler une plante qui était en fleur justement à l'époque où je l'ai visité. C'était un spécimen de la *Wistaria chinensis* (Glycine de Chine) à l'état d'arbre nain et croissant dans un pot. On reconnaissait évidemment, à la grosseur de sa tige, qu'il était déjà âgé. Il avait environ 6 pieds (anglais) [1ᵐ,80] de haut; les branches sortaient de la tige de la manière la plus régulière et la plus symétrique, et il donnait bien l'idée d'un arbre en miniature. Chacune de ces branches était chargée d'une longue grappe de fleurs lilas pendantes, qui tombaient des branches horizontales et le faisaient ressembler à une fontaine florale.

La *Wistaria chinensis* est depuis longtemps connue en Europe, et il y en a qui atteignent de très-grandes dimensions sur les murs de nos habitations et de nos jardins. Elle y fut apportée d'un jardin voisin de Canton, appartenant à un Chinois du nom de Consequa; mais elle n'est pas originaire du midi de la Chine; elle y atteint même rarement toute sa perfection. D'ailleurs cette seule circonstance, qu'elle est parfaitement rustique en Angleterre, suffirait pour indiquer qu'elle tire son origine des provinces du nord.

Je visitai encore, à 12 ou 15 kilomètres de Shanghaï, plusieurs pépinières de moindre importance. Dans l'une d'elles je trouvai enfin le Camélia jaune, que j'avais longtemps cherché sans pouvoir le découvrir. Celui-ci était alors en fleur. C'est certainement une plante curieuse, quoique, à vrai dire, elle ne soit pas très-jolie. La fleur se rapporte au Camélia de la classe Warratah. Les pétales extérieurs sont blancs; ceux du centre sont jaunes. Elle semble appartenir, par son feuillage, à une espèce distincte, et sera probablement plus rustique qu'aucune de la même famille.

CHAPITRE XXII.

Nouvelle excursion à Chusan. — Le Yang-Mae (*Myrica*).

Comme j'ai déjà donné, dans mon premier voyage, une description de l'île de Chusan, je n'y reviendrai pas. Je mentionnerai seulement une espèce de fruit dont je n'avais pas parlé, qui est cultivée ici sur les pentes des coteaux et sur plusieurs points de la province de Che-Kiang. On l'appelle le

Yang-Mae; il paraît être une espèce de *Myrica* voisin du *Myrica sapida* de l'Himalaya, cité par Frazer, Royle et d'autres auteurs. La variété chinoise est, toutefois, bien supérieure à celle de l'Inde. Au fait, je crois que les Chinois possèdent les deux, mais qu'ils se bornent à obtenir de cette dernière des sujets pour la greffe.

Ce Myrica abonde dans l'île de Chusan. A l'époque où j'y étais, on commençait à transporter ses fruits au marché. Les naturels en sont très-friands, et ils se vendent, du reste, très-bon marché. J'avais souvent vu des Yang-Mae dans mes excursions, mais jamais au moment du fruit, et je résolus, en conséquence, d'aller visiter une des plantations de l'île. Je me mis en route un jour de très-grand matin ; je traversai la première ligne de montagnes, et je me trouvai bientôt au centre de l'île, entouré de coteaux qui me bornaient la vue de tous côtés. Sur les pentes de ces coteaux, je vis de très-grandes quantités de Yang-Mae. Les arbres formaient un buisson touffu, arrondi par le haut et d'environ 15 à 20 pieds (anglais) [4^m,50 à 6 mètres] d'élévation. Ils étaient chargés de fruits d'un rouge foncé, ressemblant assez, au premier abord, au fruit de notre Arbutus, quoique beaucoup plus gros. J'en observai deux espèces, celle-ci à fruits rouges et une autre à fruits jaunâtres. Tous ces arbres, disposés sur le flanc des montagnes, étaient d'un fort joli effet.

Les gens de l'île étaient alors fort occupés à cueillir les fruits et à les emballer dans des paniers pour le marché. On en fait une grande consommation à Tinghae, la capitale ; on en exporte aussi beaucoup sur la terre ferme. Les rues de Ning-Po en sont encombrées pendant la saison.

NOTES.

PAGE 47. — Culture du Thé.

Nous avons dit quelques mots, dans nos observations pré-
liminaires, des tentatives faites par M. Lieutaud pour introduire la culture du Thé en Algérie. Les espérances que ces
premiers essais avaient fait naître paraissent devoir se réaliser. Nous sommes heureux de pouvoir reproduire ici l'extrait d'une communication assez récente de M. Lieutaud sur
l'état actuel de ses plantations. Le 17 juillet dernier, il écrivait
des environs de Blidah :

« Depuis le mois de mai dernier, un changement notable
s'est opéré dans la constitution climatérique de la localité où
mes plantations ont été établies. La température, qui, pendant les mois de printemps, s'était maintenue à une hauteur
moyenne de + 15° centésimaux, s'est élevée brusquement de
plus de 15 degrés. J'ai même constaté, pendant les derniers
jours du mois de juin, + 37° centésimaux, de dix heures à
deux heures du soir.

« Cette élévation subite, due sans doute à l'action des
vents de siroco, qui, à cette époque, ont soufflé pendant
cinq jours consécutifs, ne paraît pas avoir été nuisible à mes

13

plants. Quoique bien jeunes encore et loin d'être suffisamment enracinés, ils ne se sont nullement ressentis de ces fortes chaleurs; ce qui me confirme dans l'opinion que j'ai déjà émise depuis longtemps, que l'arbre à Thé qui supporte impunément, dans son pays natal, des températures estivales très-élevées, et qui, au Brésil, végète parfaitement sous le tropique même, pourra s'accommoder facilement des chaleurs, comparativement fort modérées, de l'Algérie.

« Cette brusque élévation de température, que je viens de signaler, s'est accompagnée d'une sécheresse extrême de l'atmosphère, causée par une absence totale de pluie depuis environ deux mois, et augmentée encore par l'action desséchante des vents de siroco. On sait déjà quelle influence funeste cette action desséchante exerce sur les pousses des jeunes plantes; aussi j'ai dû de bonne heure me prémunir contre elle, en plaçant mes Thés au fond d'un ravin parcouru constamment par un mince filet d'eau. Ce qu'il y a de certain, c'est que, soit par l'effet de la présence de cette eau, soit par suite de leur position abritée, mes plantes, jusqu'à présent, ne m'ont pas paru endommagées. Sans doute la fraîcheur du ravin aura suffi pour neutraliser les mauvais effets du siroco.

« Ainsi donc, malgré les circonstances désavantageuses au milieu desquelles mes plantations se sont trouvées placées pendant quelque temps, elles n'ont nullement souffert et se trouvent dans un état aussi prospère que je pouvais l'espérer; tout fait augurer qu'elles traverseront avec autant de bonheur l'époque critique des chaleurs caniculaires.

« Dans l'intérêt des cultivateurs appelés, plus tard, à diriger des plantations de Thé, j'aurai à signaler quelques circonstances que j'ai eu occasion de constater sur la végétation de cette plante. Il en est une surtout, fort importante, relative à la question des arrosages. En Chine comme au Brésil, on n'arrose guère que les très-jeunes plantes, et les semis une fois bien enracinés, la plante n'a nullement besoin d'eau; au contraire, les cultivateurs ont observé que les arrosages leur sont nuisibles (1). J'ai eu occasion de vérifier ce fait sur des plants que j'ai gardés à la pépinière de Dalmatie, et qui, se trouvant placés trop près des rigoles d'arrosage, ont tellement souffert de ce voisinage, que j'ai été obligé de les transplanter ailleurs. De quelle manière l'eau agit-elle en pareil cas? C'est ce que je ne saurais expliquer. Peut-être est-ce en stimulant trop activement les organes de la plante et hâtant outre mesure sa végétation; ce qui pourrait faire admettre cette supposition, c'est que deux de ces plants sont, en ce moment, couverts de boutons à fleur, bien que l'époque ordinaire de la floraison du Thé soit encore fort éloignée. (Mois d'octobre et de novembre.)

« Quoi qu'il en soit, j'ai mis à profit cette observation tout à fait conforme aux prescriptions des cultivateurs chinois et brésiliens pour la tenue des plantations de l'Oued-el-Khremiss. J'ai fait différer les irrigations par immersion jusqu'à ces derniers jours. Ce n'est que depuis une semaine environ, quand j'ai reconnu que leur végétation se ralentissait par suite du besoin d'eau, que j'ai eu soin de les faire arroser modérément, après un binage préalable.

« Une autre observation est relative à l'emploi des engrais et vient confirmer aussi les faits remarqués en Chine ou au Brésil. On sait que les cultivateurs chinois ne fument que les semis et les jeunes plantes avec des engrais très-légers et bien consommés. Plus tard ils cessent l'emploi de cet engrais. Au Brésil, dans les provinces de Saint-Paul et de Minas-Geraes, où l'on plante le Thé dans des terrains très-argileux et contenant une forte proportion de fer hydroxydé (limonite), on a reconnu également l'inutilité des engrais ammoniacaux. J'ai déjà fait observer que les terrains de l'Oued-el Khremiss

_____

(1) Si l'on veut se reporter à ce que dit M. Robert Fortune, dans le chapitre *Culture du Thé*, on verra qu'il est parfaitement d'accord, sous ce rapport, avec M. Lieutaud. « Là où le Thé, dit-il, ne peut venir sans irrigation, c'est un signe certain que le sol ne convient pas pour cette culture, etc., etc. » (Voyez page 81.)

sont, comme ceux du Brésil, très-riches en limonite; c'est sans doute à cette circonstance qu'il faut attribuer le peu d'effet produit par les engrais sur les plants de Thé. J'ai remarqué que ceux qui ont été fumés avec le même engrais que celui employé en Chine n'ont pas prospéré davantage que ceux qui ne l'ont pas été du tout. »

———

Et plus tard, sous la date du 9 septembre, à l'occasion de l'envoi de ses Thés à l'exposition de la Société impériale d'horticulture, envoi effectué par les soins de l'administration de la guerre, M. Lieutaud écrivait :

« Malgré les chaleurs et la sécheresse d'un été vraiment tropical j'ai réussi non-seulement à maintenir mes plants aussi frais que dans une matinée de printemps, mais encore à les disposer à la floraison. Presque tous sont couverts de boutons à fleur, et j'espère bien, si les vents du nord ne viennent pas trop tôt cette année-ci, obtenir, au lieu de quelques graines, une centaine de baies, ce qui augmentera d'autant notre plantation... Deux ou trois de mes plants ont conservé leurs fruits, et, comme dans un mois ils seront couverts de fleurs, ils offriront un phénomène végétal qui ne s'est présenté encore qu'une fois à M. Leroy d'Angers. »

———

PAGE 64. — « La différence dans le mode de préparation du Thé noir et du « Thé vert nous fait comprendre pourquoi le premier n'a pas, comme le se- « cond, l'inconvénient d'exciter le système nerveux, de causer l'insom- « nie, etc., etc. » (Voir les observations de M. Warrington, du collége de pharmacie de Londres.)

« La question est de savoir, dit M. Warrington, relativement aux différences que présentent les propriétés physiques et chimiques des Thés noirs et des Thés verts, à quelles causes ces différences doivent être attribuées. Les observations nombreuses que la pratique du service de l'établissement auquel je suis attaché m'a mis à même de faire m'ont amené à me former une opinion sur ce sujet, bien que ces observations se rapportassent à un autre ordre d'idées, c'est-à dire à la dessiccation des Herbes médicinales. Ce sont, pour la plupart, des plantes azotées, telles que l'*Atropa belladona*, l'*Hyosciamus niger*, le *Conium maculatum*, etc., etc.

« Ces plantes nous sont apportées (au collége de pharmacie) soit par les cultivateurs mêmes qui les ont recueillies, soit par des collecteurs qui les leur achètent. Elles sont liées en bottes ou paquets, et, lorsqu'elles nous arrivent fraîches, elles prennent, en séchant, une teinte d'un vert vif et brillant. Nous avons constaté, au contraire, que lorsque, par quelque circonstance, elles ont été retardées dans le trajet, ou qu'on les laisse entassées pendant trop longtemps, elles s'échauffent, subissent une sorte de fermentation spontanée ; puis, quand on les étend, elles dégagent des vapeurs et causent à la main une sensation de chaleur. En séchant, elles ne présentent plus la couleur vert vif dont j'ai parlé, et prennent, au contraire, une teinte brunâtre et quelquefois noirâtre.

« J'ai aussi remarqué que, si on les fait infuser et qu'on fasse évaporer jusqu'à siccité, elles ne sont pas complétement insolubles dans l'eau, mais qu'elles laissent une matière extractive oxydée brune, nommée *apothème* par quelques chimistes. Or un résultat analogue est obtenu de l'infusion du Thé noir.

« Le même effet se produit lorsqu'on expose à l'influence oxydante de l'atmosphère certaines infusions de substances végétales. Elles présentent à leur surface une teinte foncée qui ensuite se communique à toute la solution, et à l'évaporation cette même matière extractive que je viens de mentionner reste insoluble dans l'eau.

« En outre, j'ai reconnu que les Thés verts, si, après les avoir mouillés et soumis à une nouvelle dessiccation (re-dried),

on les expose à l'air, prennent une teinte presque aussi foncée que les *Thés noirs* ordinaires.

« Je fus donc amené, par ces diverses observations, à penser que les différences chimiques et les caractères particuliers
qui distinguent les Thés noirs des Thés verts proviennent
d'une espèce d'échauffement ou de fermentation accompagnée d'oxydation par l'exposition à l'air, et non pas, comme
on le croit assez généralement, de ce qu'ils sont soumis (les
Thés noirs) à une plus haute température dans l'opération du
séchage (1). Ma manière de voir, à cet égard, a été corrobo-
rée par ce fait, qui m'a été signalé dans les lieux de fabrication du Thé, que les feuilles destinées à former le Thé noir
sont toujours laissées à l'air en tas un certain temps avant
d'être soumises au chauffage dans les bassines. »

A la suite de ces observations de M. Warrington, M. Robert Fortune ajoute : « Voilà donc la question bien éclaircie,
« et au fait ce que M. Warrington a observé dans la prati-
« que du collége de pharmacie peut être vérifié par toute
« personne possédant dans son jardin un pied de Thé. Re-
« marquez les feuilles qui tombent de l'arbuste au commen-
« cement de l'automne. Elles sont alors de couleur brune ou
« d'un vert sombre. Laissez un certain temps ces mêmes
« feuilles isolées exposées à l'influence de l'air et de l'humi-
« dité, et elles ne tarderont pas à prendre exactement la
« couleur du Thé noir. »

PAGE 89. — Variétés de Coton observées en Chine par M. Fortune.

Le Cotonnier, étant cultivé dans un très-grand nombre de
contrées différentes, et ayant subi, sous l'influence du sol et
du climat, de très-nombreuses modifications, il en est résulté
qu'on a éprouvé de très-grandes difficultés pour bien définir
et classer les diverses espèces et variétés de ce genre.

(1) Voir les détails donnés, à cet égard, pages 22 et 23.

Le naturaliste danois Rohr, n'adoptant pas la méthode suivie par les botanistes, et qui consiste à prendre pour base de la classification les différentes parties de la plante, n'avait fondé sa nomenclature que sur l'examen de la graine. M. de Lasteyrie, dans son ouvrage sur le Cotonnier, sans se croire fondé à repousser complétement ce système, reconnaît cependant qu'il est insuffisant; que les caractères adoptés par Rohr ne sont pas assez distincts, assez sensibles, assez constants pour offrir un moyen assuré de reconnaissance et de classement à la portée des cultivateurs. Il pense qu'on ne peut établir à cet égard un bon système de classification qu'en suivant le système adopté par les botanistes.

C'est dans cet ordre d'idées que s'est placé M. Paris, qui a fait, il y a une quarantaine d'années, des essais aujourd'hui abandonnés.

Cet agriculteur, dans un mémoire couronné par la Société centrale d'agriculture en **1810**, trace ainsi la nomenclature des diverses espèces de Cotonnier dont il avait expérimenté la culture près de Tarascon, département des Bouches-du-Rhône, en **1809**.

1 (A). Cotonnier de Siam-Nankin : *Gossypium siamense* (1), *lanâ rufâ* : *Cavanille, Dutour, Lasteyrie, Bisceglia, Vassali.* C'est peut-être le Siam à duvet brun de M. *Rohr,* peut-être aussi le Siam franc (Xylon sativum), de *Valmont de Bomare.* — Tige frutiqueuse, de plus de 1 mètre de hauteur.

1 (B). Siam-Nankin pâle à capsule globuleuse, *Gossypium siamense, capsulâ globulosâ, lanâ rufo-pallidâ.* En tout semblable au précédent, si ce n'est que sa capsule est globuleuse et qu'elle renferme un Coton nankin très-pâle.

2 (A). Cotonnier de Siam blanc à graines vertes, *Gossypium siamense, seminibus viridibus, lanâ albâ,* Last.

---

(1) J'ai placé les Cotonniers Siam à la tête du genre, parce que ce sont ceux qui m'ont le mieux réussi. Dans les Siams j'ai donné le pas au Nankin sur le blanc, parce que celui-ci, comme on le verra ci-après, pourrait bien n'être qu'une variété.　　　　(*Note de M. Paris.*)

Peut-être le *G. tricuspidatum* de *Lamarck*, ou le *G. reli-giosum* de *Linné*. Tige de 1 mètre.

2 (B). Cotonnier de Siam blanc à capsule oblongue, *G. siamense purpureum, capsulá oblongá atro-rubente, laná albá.*

Peut-être le *G. purpurascens* du Muséum d'histoire natu-relle de Paris, ou le Cotonnier à feuilles rouges de *Rohr*.

3 (A). Cotonnier roux blanc à grand calice.

C'est peut-être le Siam brun couronné de *Rohr*. La tige, dans cette espèce, s'élève jusqu'à 1 mètre 50 cent.

J'aurais pris ce Cotonnier pour le Cotonnier à grande robe de *Bodier*, si le Coton en avait été blanc. C'eût été alors le même, suivant M. *de Lasteyrie*, que le Jear-rund de *Rohr*.

4 (A). Cotonnier, *G. peruvianum*.

La tige frutiqueuse et rameuse est élevée de 1 mètre. Ori-ginaire du Pérou, cultivé en Espagne.

5 (A). Cotonnier natté (vulgairement de Fernambouc), *G. arboreum*, Cotonnier natté, de *Thoüin*; de Cayenne, d'a-près *Valmont de Bomare*, *Préfontaine* et *Bajou*; du Brésil et de la Guyane, d'après *Rohr*.

Sa tige s'élève à 1 mètre 70 cent.

6 (A). Cotonnier à graines d'un brun noirâtre, rudes, presque glabres.

Les boutons à fleur ont paru quinze jours plus tôt que dans l'espèce précédente, bien qu'il eût été semé vingt jours plus tard.

Il pourrait être le Cotonnier à crochet barbu de *Rohr*.

OBSERVATION. — J'ai cultivé aussi deux pieds d'un autre Cotonnier, dont les graines qui m'ont été envoyées sous le nom de *Cotonnier blanc en arbre* m'ont paru appartenir à la même espèce que le numéro 6, mais qui n'ont cependant pas donné de boutons à fleur.

7 (A). Cotonnier herbacé, *G. herbaceum*, Lamarck, Ca-van, Olivier, Wild., Thoüin.

Cette espèce est improprement nommée herbacée; elle est au moins trisannuelle (*Dufour*, *Bisceglia*). Sa tige est fruti-queuse, rameuse, cylindrique, droite, retombante, velue ou

hispide dans sa jeunesse, plus tard rougeâtre, chargée de
petits points noir violet.

*Tableau de la culture comparative de diverses espèces de
Cotonnier, en 1809, à Tarascon (Bouches-du-Rhône).*

ESPÈCES ET VARIÉTÉS.	ÉPOQUES de L'ENSEMEN- CEMENT.	NOMBRE de jours que les graines ont mis à lever.	NOMBRE de jours entre la sortie des plantes et la floraison.	ÉPOQUE de la FLORAISON.	ÉPOQUE de la MATURITÉ du fruit.	NOMBRE moyen de capsules par plante.
1 (A) Siam-Nankin.	10 mars.	64	82	4 août.	2 nov.	3 1/2
	21 avril.	24	82	*id.*	*id.*	»
(B) *Id.* à capsule globuleuse.....	30 mars.	40	79	26 juillet	*id.*	5
2 (A) Siam blanc à graines vertes..	10 mars.	81	59	*id.*	3 octob.	3
	22 avril.	37	59	*id.*	»	»
(B) *Id.* à capsules oblongues......	30 mars.	49	76	1ᵉʳ août.	10 nov.	4
3 (A) Roux blanc à grand calice....	*id.*	35	117	24 août.	*id.*	6
4 (A) Péruvien....	10 mars.	48	91	16 août.	*id.*	»
	22 mars.	36	113	*id.*	»	»
	29 mars.	34	107	*id.*	»	»
	17 mai.	7	96	*id.*	»	»
5 (A) Fernambouc ou Cayenne....	9 mars.	58	91	*id.*	10 nov.	»
	30 mars.	46	91	»	»	»
6 (A) A graines ru- des en arbre....	*id.*	44	91	19 août.	10 nov.	»
7 (A) Herbacé.....	*id.*	46	78	31 juillet	*id.*	»
Nankin dégénéré que je ne crois pas une variété constante......	*id.*	42	77	26 juillet	2 nov.	5

Culture comparative de quatre espèces de Cotonnier, à Ta-rascon, en 1811.

NOMS DES ESPÈCES.	NOMBRE de PLANTES		NOMBRE MOYEN, par plante, des capsules parvenues à maturité.	POIDS MOYEN (en grammes) DES CAPSULES	
	au 1er juin.	au 1er sept.		en coton.	en graine.
Siam-Naukin, *Gossypium siamense lanâ rufâ*.........	1,987	1,763	(*) 2.70	1.3	5.6
Siam blanc, *G. siamense lanâ albâ* (**).............	5,977	3,072	3.24	1.1	2.9
Péruvien, *G. peruvianum*............	380	354	1.30	1.0	1.9
Herbacé, *G. herbaceum* (***).	426	429	3.14	3.14	0.61

Observations.

(*) Il y a eu, en outre, un certain nombre de capsules imparfaitement ouvertes.

(**) Sous ce nom, je comprends les diverses variétés de Siam blanc citées dans mon mémoire, et une variété à graines noirâtres. Il y a eu également des capsules imparfaitement formées.

(***) Le Coton de cette espèce était moins blanc, moins soyeux et plus difficile à détacher de sa graine que celui des Siams.

PAGE 96. — « Pour séparer le Coton de sa graine on se sert de la machine à « égrener bien connue, qui au moyen de deux cylindres, etc., etc. »

Voici la description que donne M. le docteur Descourtils, de cet appareil, dans sa *Flore des Antilles,* tome IV, page 211:

« Pour séparer le Coton de la graine, on emploie une machine (ou moulin à Coton) composée de deux rouleaux de bois dur d'environ 40 centimètres de longueur sur 3 centimètres de diamètre, cannelés dans toute leur longueur et posés horizontalement l'un sur l'autre. Un ouvrier, en présentant une poignée de Coton, met en mouvement la machine au moyen d'une manivelle que fait agir son pied. Alors les rouleaux tournent sur l'axe dans un sens contraire. Ils sont assez éloignés pour laisser passer le Coton, qui est attiré par le mouvement de rotation, et trop serrés pour laisser passer les graines qui tombent aux pieds de l'ouvrier, tandis que le Coton laminé est reçu au côté opposé dans un sac ouvert.

« Dans les colonies de l'Amérique, ce travail est ordinairement confié aux négresses. Une bonne ouvrière prépare par jour 10 à 12 kilogr. de Coton brut, ce qui donne le tiers net.»

Nous avons reçu de Charlestown la communication suivante sur cet appareil, qui se nomme aux États-Unis *roller-gin* :

« Pour séparer le Coton de la graine, il est nécessaire qu'il soit passé entre les deux rouleaux que l'ouvrier met en mouvement, en appuyant le pied fortement sur la barre transversale qui réunit les deux tringles. Le Coton, dégagé de sa graine, est reçu dans le sac placé devant les rouleaux, tandis que la graine tombe à terre par l'ouverture qui se trouve immédiatement derrière les rouleaux.

« Cette opération demande un peu d'habitude et quelques précautions, et il faut une certaine adresse dans la manière d'*étaler* le coton au moment où il est présenté aux rouleaux. Il faut que ce qui est mis en contact avec les rouleaux soit d'une épaisseur convenable et à peu près égale ; une trop grande épaisseur engagerait les rouleaux ; et la force du pied qui les fait tourner ne pourrait les dégager. L'ouvrier doit se servir de ses deux mains afin de diviser le Coton plus également, en l'approchant des rouleaux ; pour plus de facilité, il repose ses poignets sur la planchette, ce qui donne plus de souplesse à ses doigts et l'empêche de se fatiguer. Parfois le Coton s'entortille autour des rouleaux ; alors l'ouvrier le dégage promptement.

« La vitesse donnée aux rouleaux est d'environ quatre-vingt-dix tours à la minute ; mais cette vitesse doit être variée selon les circonstances, dont l'ouvrier doit juger. Cependant une trop grande vélocité échaufferait le Coton, lui ferait prendre une partie de l'huile grasse que contient la graine et endommagerait ainsi le produit obtenu.

« Quelques planteurs réunissent sur une même ligne plusieurs rollers-gins : ils les font mouvoir soit par la vapeur, soit par des chevaux ; mais cette méthode a des inconvénients qui font revenir à celle indiquée ci-dessus.

« Les rouleaux s'ajustent au moyen de deux vis. Le rouleau supérieur est en bois dur, tel que chêne ou frêne ; l'autre est en bois moins dur et plus élastique. Il faut choisir, dans tous les cas, du bois peu sujet à se polir par la friction. Le polissage empêche les rouleaux de saisir le Coton ; la trop grande dureté du bois fait écraser la graine : c'est pourquoi on a renoncé à l'usage des rouleaux d'acier. D'autre part, si les rouleaux étaient faits en bois trop mou ou trop fibreux, le Coton s'entortillerait à chaque instant. L'expérience doit donc être le seul guide dans le choix du bois.

« On a imaginé un rabot pour tailler les rouleaux. On dégrossit d'abord le bois et on l'assujettit dans un étau ; alors on en fait entrer le bout dans le grand trou du rabot, trou qui est taillé en forme de cône tronqué. En tournant le rabot dans le sens convenable, le rouleau se trouve fait promptement et régulièrement.

« La tâche d'un ouvrier est d'égrener 12 à 15 kilogr. de Coton par jour.

« *Le roller-gin n'est employé que pour le Coton longue soie.* Le Coton courte soie est égrené au moyen d'une machine dite *low-gin*, qui est composée de scies circulaires qui arrachent la graine en déchirant le fil du Coton. Cette dernière machine gâterait entièrement la qualité du Coton longue soie. »

Un rapport adressé à M. le ministre de la guerre, sous la date du 4 octobre 1853, par M. Cox, de Lille, et qui a été reproduit dans le *Moniteur universel* du 15 du même mois, fait connaître les résultats importants obtenus de la culture du Cotonnier *longue soie* en Algérie. Nous nous bornerons à en extraire un passage relatif à l'égrenage, comme se rapportant plus spécialement à l'objet de cette note :

« M. le directeur de la pépinière centrale, dans un rapport qui m'a été communiqué par le ministre de la guerre, explique comment il fit opérer cet égrenage. Il s'est servi d'abord de cylindres en bois, qu'il a abandonnés parce que, disait-il, ces cylindres s'échauffaient et prenaient feu à l'endroit de leur insertion. Il a essayé ensuite des cylindres en cuivre, qui se sont cassés au milieu du travail et qui noircissaient le Coton. Il a remplacé ces cylindres en cuivre par des cylindres en fer, qui donnèrent, ajoute-t-il, des résultats assez satisfaisants pour s'en tenir à ce dernier mode d'égrenage.

« Je n'ai pas à considérer ici la rapidité de l'exécution d'égrenage : je suis d'accord que l'on peut, avec des cylindres en fer, dégager tant bien que mal, dans un temps donné, une quantité plus grande de filaments ; mais je dois tenir compte, avant tout, de la qualité du produit : or je soutiens que les cylindres en fer, mis en contact avec le Coton longue soie non égrené et agissant par la pression sur la graine imprégnée d'huile, doivent nécessairement salir et ternir le duvet, en même temps qu'ils brisent, énervent, abîment et détériorent le Coton en lui ôtant ses qualités les plus essentielles.

« J'ai voulu expérimenter moi-même une machine à égrener, dans le genre de celle décrite dans le rapport, et garnie de cylindres en fer avec rainures. J'ai obtenu un Coton tout coupé et morcelé comme celui d'Alger. J'ai essayé ensuite des rouleaux en bois dur (du buis) d'un petit diamètre et d'une longueur seulement de 20 centimètres, lesquels m'ont donné un Coton beau et parfaitement intact, c'est-à-dire sans brisure, sans détérioration et ayant conservé sa blancheur et son lustre naturels. Je dois ajouter que le prix élevé attribué généralement par l'industrie aux beaux Cotons Géorgie longue soie ne comporte pas la nécessité d'un égrenage rapide; il suppose, au contraire, une manière de procéder plus lente, plus tempérée et plus en harmonie avec les soins minutieux qu'il faut apporter dans la préparation de ce produit délicat.

« La méthode des cylindres en bois me paraît donc, à tous égards, préférable à celle des cylindres en cuivre ou en fer. Mais un procédé qui l'emporte sur tous les moyens mécaniques, c'est l'égrenage à la main, qui donne un Coton plus propre, plus beau à l'œil et conservant mieux toutes les perfections originelles dont la nature l'a doué. L'égrenage à la main donne aussi un Coton plus homogène, en ce qu'il permet d'écarter les capsules médiocres ou tachées par l'humidité. Le Coton Géorgie longue soie des qualités *extra-fines*, étant égrené à la main, acquiert une plus-value de 2 à 3 fr. par kilogramme. Pendant longtemps l'égrenage à la main fut le seul usité en Amérique pour les Cotons Géorgie de haute qualité; mais la production s'étant accrue dans des proportions considérables, on chercha des moyens plus expéditifs, ce qui donna lieu à mille essais qui se continuent tous les jours. J'ai reçu, cette année, de Charlestown une balle de Géorgie longue soie de fine qualité, Coton égrené par un procédé nouveau et qui me paraît avoir toutes les perfections du Coton égrené à la main; la connaissance de ce procédé serait une bonne fortune pour les planteurs algériens. »

PAGE 98. — Culture du Riz.

Des essais de culture du Riz sont tentés, depuis plusieurs années, dans les landes du département de la Gironde, près de la Teste, notamment dans la plaine de Cazeaux. Cette plaine appartient à la partie du grand bassin de terrains tertiaires au sud-ouest, spécialement désignée sous le nom de *landes de Gascogne*, et qui s'étend sur le territoire de plusieurs départements. Le sol, essentiellement siliceux, a été amené, par la décomposition des végétaux qui le couvrent, à l'état dit *terre de Bruyère*, et repose généralement sur une couche de sable agglutiné et imperméable.

Des travaux de défrichement ont été tentés, à diverses reprises, par plusieurs compagnies.

Le système adopté dans cette localité pour la culture du Riz, sous la direction de M. Féry, est copié sur ce qui se pratique en Piémont, où cet agriculteur a été étudier les procédés et d'où il a ramené un ouvrier expérimenté pour diriger l'irrigation.

Le terrain, mis à sec, est préparé, au printemps, par un seul labour à la charrue, après une fumure modérée. Les carreaux, de forme parallélogrammatique, sont entourés de petites digues pour y maintenir l'eau, qui y est introduite par des brèches dont on règle l'ouverture suivant les besoins.

La semence est jetée sur le sol humide; mais l'eau n'y est ramenée qu'après l'ensemencement, qui se fait dans la première quinzaine d'avril.

L'irrigation du terrain est tenue à la même hauteur (sans établir un courant, qui laverait le sol et emporterait les molécules fertilisantes) jusqu'après la levée de la plante. A ce moment, on la découvre pendant quelques jours, et elle est, suivant l'état de la végétation, alternativement baignée et découverte.

Passé ces premiers temps, l'eau est constamment maintenue à une hauteur de $0^m,12$ à $0^m,15$ jusqu'à l'époque de la moisson.

La maturité et la récolte ont lieu à la fin de septembre.

On sème deux variétés de Riz : une variété sans barbe et une variété barbue. La première, plus rustique, mûrit plus tôt; elle serait préférée à l'exclusion de l'autre, si le grain n'en était pas de moindre valeur. Elle semble mieux appropriée aux conditions du climat.

Les frais de culture de toute nature ont été évalués à **200 fr.**

environ par un agronome en qui nous avons toute confiance, le même, du reste, qui nous a fourni les détails ci-dessus concernant le mode de culture ; toutefois il déclarait qu'ils étaient susceptibles de diminution. Nous trouvons, en effet, dans les tableaux imprimés qui ont été présentés par MM. Broutta et Féry, des calculs détaillés d'après lesquels ces frais avaient été, savoir, en 1848, de 221 fr. ; en 1849, de 321 fr. ; en 1850, de 206 fr. ; en 1851, de 172 fr. ; en 1852, de 157 fr.

Quant au produit, l'agronome dont nous venons de parler le portait, en moyenne, à 24 hectolitres par hectare. Ces 24 hectolitres donneraient environ 800 kilog. de grain décortiqué, lesquels, vendus à 30 cent. le kilogramme, donneraient 240 fr. de produit brut par hectare.

Mais nous ferons observer que ces différents chiffres, qui peuvent être au-dessus ou au-dessous de la réalité, ne doivent être accueillis qu'avec une grande réserve, jusqu'à ce qu'une série de récoltes ait permis d'établir, pour cette branche d'industrie rurale qui est à son début dans cette contrée, d'une part un rendement à peu près assuré, et de l'autre une dépense normale.

Nous ajouterons à ces renseignements les observations suivantes, qui ne s'appliquent, d'ailleurs, qu'aux rizières des landes de Gascogne, ainsi que celles qui précèdent.

On a remarqué que les rizières les plus anciennes (car cette culture date déjà de six années) étaient celles qui donnaient les meilleurs résultats pour l'abondance, l'égalité et la maturité ; que les plantes adventices y étaient tout aussi rares que dans les carrés nouvellement défrichés.

L'égalité de la récolte exerce une grande influence sur l'époque de la maturité ; là où les plantes sont très-vigoureuses par suite de leur trop grand espacement ou par la force végétative du sol, elles se maintiennent vertes plus longtemps et mûrissent plus tard.

Le Riz sur défrichement offre plus d'inégalité que l'autre, comme c'est l'ordinaire pour toute espèce de culture, et en outre parce que l'opération du nivellement a enlevé la terre végétale des places en déblai, pour l'accumuler outre mesure dans les places en remblai.

Un fait important à établir dans une année d'une température aussi exceptionnelle (1850), c'était la maturité. Il a été constaté qu'elle avait été parfaite pour la variété sans barbes et suffisante pour le Riz barbu. Dans quelques carrés de ce dernier, faits sur défrichement, certaines parties n'étaient pas encore bien jaunes le 22 octobre; mais le grain était déjà ferme, et la maturation pouvait s'achever en javelles, comme cela a lieu pour les autres Céréales.

La culture dont il s'agit a été essayée aussi dans le Delta du Rhône. Nous ne possédons pas de détails aussi précis sur les frais de culture et le produit; mais il ne sera pas sans intérêt de placer, en regard de la culture du Riz dans la Gironde, les détails donnés, pour ce qui se rapporte à la Camargue et au royaume de Valence, par le baron de Rivière, propriétaire-agriculteur du département du Gard.

Dans une des séances de la Société centrale, cet honorable correspondant lui donnait lecture d'un mémoire dont elle a ordonné l'insertion dans son recueil, et où nous trouvons le passage suivant :

« L'introduction de la culture du Riz sur le littoral de la Méditerranée, après vingt-cinq ans d'hésitation et de tâtonnements, vient enfin d'être réalisée sur une assez grande échelle (7 à 800 hectares), pour appeler sérieusement l'attention de la Société, qui ne doit rester étrangère à aucun progrès de l'agriculture dans le royaume.

Différents essais avaient déjà été faits, dans le siècle dernier, sur divers points du royaume; un, entre autres, par M. Faujas de Saint-Fond, aux portes de Montélimar.

Il y a quelques années, les agents de la compagnie de Beaucaire à Aigues-Mortes, qui avaient fait construire une machine hydraulique à vent au lieu dit les Iscles, eu-

14

rent l'idée de faire une petite rizière à l'aide de cette machine.

Ils donnèrent très-peu de façon au sol extrêmement salé qu'ils consacrèrent à cette culture, y apportèrent même très-peu de soin d'entretien, et cependant ce Riz devint très-beau; sa végétation accomplit toutes ses phases sans accident, quoique ces messieurs n'eussent pris que des mesures insuffisantes contre l'action des vents.

J'ai visité cette rizière après la récolte; le sol en était naturellement si salé encore alors, que les efflorescences salines le rendaient blanc comme le sont, en hiver, les prés couverts de givre, parce que l'eau douce n'y avait pas été assez souvent renouvelée pour opérer le lavage du sol, et cependant le chaume qui tenait à la terre par les racines attestait, par ses dimensions, la belle végétation de cette plante dont le grain, parfaitement nourri et très-gros, me fut montré dans un des greniers de la compagnie.

Malheureusement, les inondations de 1840 envahirent ces greniers, en emportèrent le contenu, et les rafales de vent, très-fréquentes sur nos rivages sans abri, fracassèrent si souvent les ailes démesurément grandes de la machine hydraulique en question, qu'on ne donna pas suite à cette première expérience, n'ayant plus ni la semence ni la certitude d'avoir l'eau nécessaire au Riz.

Ce fut peu de temps avant cette époque que M. Gilles, agent de la compagnie générale de desséchement, fit, au domaine de Paulet, une expérience d'ensemencement de Riz qui végéta parfaitement, mais qui s'étiola au moment où l'épi allait se former, et ne put nourrir son grain parce que l'eau lui fut enlevée, la compagnie en ayant besoin pour un emploi qui lui paraissait plus important.

Cette compagnie avait fait construire, pour l'irrigation de ses propriétés, des machines puissantes, à vapeur, à vent, à manége; mais, par suite de malentendus entre les gérants et les actionnaires, ou par toute autre cause que j'ignore, elle ne tirait presque aucun parti de ces machines. Je n'avais pu

encore engager ces messieurs, malgré mes instances réité-
rées, à donner l'ordre précis de les appliquer à la culture du
Riz, lorsque M. Godefroi, successeur de M. Gilles dans l'a-
gence de Paulet, prit sur lui de se livrer à une série d'expériences sur cette culture, et y mit assez de persévérance pour
qu'il ne restât plus le moindre doute sur la parfaite convenance des sols salés du Delta pour l'introduction de cette
culture.

Je ne vous rendrai pas compte de ces expériences, que j'ai
suivies, comme vous pouvez le penser, avec le plus vif intérêt,
mais que vous connaissez par le compte qu'en ont rendu
divers journaux.

Je ne parlerai que du fait le plus saillant, c'est qu'on a
tiré, deux ans de suite, d'un sol jusque-là stérile par excès
de sel, une récolte d'une valeur double de ce qu'eût rendu
un bon Blé sur une surface égale d'un terrain de bonne
qualité.

Résultat immense en lui-même, mais qui devient incom-
parablement plus important, si l'on considère que les terrains salants, convertis en rizières, sont rendus propres, par
cette espèce d'assolement, à presque toutes les cultures herbacées, si l'eau de la rizière a été assez souvent renouvelée
pour que le lessivage du sol soit complet.

Le Raygrass anglais, le Raygrass d'Italie, la Pomme de
terre, le Trèfle incarnat, le Trèfle des prés, le Trèfle blanc, le
Trèfle de Hollande, la Luzerne même ont poussé vigoureu-
sement dans les salants convertis en rizières par M. Godefroi,
et ont donné de bons produits; je m'en suis assuré de mes
propres yeux.

Quant à la qualité du Riz, j'en ai goûté : il est très-
bon et au moins égal à celui qu'on achète à Cette et à
Marseille.

Reste à calculer le prix de revient ; c'est le point délicat,
et j'avoue qu'il m'est impossible de donner, à cet égard, des
renseignements positifs. Je renvoie aux chiffres de M. Godefroi, dont je ne veux pas, toutefois, accepter la responsabi-

lité, n'ayant aucun moyen de les contrôler, quant au coût de l'eau employée dans les rizières, ce qui est le point capital. Je dois même ajouter que j'ai des préventions, peut-être exagérées, contre l'emploi des machines hydrauliques en agriculture, et que je persisterai dans ma réserve, à cet égard, jusqu'à ce que l'expérience m'ait démontré que j'ai tort.

Mais ce qui me paraît positif, c'est que le Riz exige fort peu de culture et que les bourrelets, qui sont la plus forte dépense quand on les fait à bras, pourraient être formés très-économiquement avec un va-et-vient d'une forte charrue à versoir, qui laisserait un sillon ouvert de chaque côté de ces bourrelets.

Il suffirait ensuite de faire passer un homme pour régulariser les terres, battre les talus et nettoyer les sillons latéraux, dont l'utilité serait grande pour submerger d'abord les rizières et renouveler ensuite leurs eaux.

Si jamais je cultive le Riz, ce qui aura lieu certainement dès que j'aurai la certitude de ne pas payer l'eau trop cher, voici ce que je ferai probablement :

Je commencerai par bien niveler la terre, chose facile et peu dispendieuse dans un pays aussi plat que le delta du Rhône, puis je donnerai les cultures nécessaires pour ameublir le sol.

Cela fait, j'aurai à me décider entre trois systèmes, dont chacun a ses avantages :

Le premier consisterait à ensemencer le champ comme on sème le Blé, et à faire ensuite les bourrelets;

Le second, à faire les bourrelets d'abord, semer ensuite, soit à sec, soit dans le sol détrempé, sur lequel on ferait passer une planche, un rouleau, une claie, une échelle ou des rameaux d'arbre pour recouvrir un peu le grain (1).

Le troisième système est celui qu'on pratique dans le

---

(1) Dans tous les systèmes, il est bon de faire préalablement tremper dans l'eau les sacs de semences pour hâter la germination.

royaume de Valence, et notamment à Succa; il consiste à transplanter, dans le champ préparé, le Riz qu'on a préalablement fait pousser en pépinière, opération en apparence fort dispendieuse, mais qui se fait avec une merveilleuse rapidité dans ce pays-là, grâce à la dextérité des hommes qu'on emploie et à l'ingénieuse méthode qu'ils suivent.

La voici telle que j'ai pu la comprendre par la description que m'en a faite un cultivateur valencien, dont la langue ne m'était pas familière.

On dispose, de distance en distance, dans le champ à planter, des bottes de Riz arraché lorsqu'il a 22 à 25 centimètres de longueur.

Chaque planteur, jambes nues, la plupart du temps en chemise, prend de la main gauche ce qu'il peut retenir de ces jeunes plants, en appuyant le paquet sur la cuisse du même côté, près du genou qui est ployé; de l'autre main, il détache trois à quatre plantes de ce paquet, fait un trou dans la terre avec l'index, et y ingère ces trois à quatre plantes à 8 ou 10 centimètres de profondeur, et à 30 centimètres les unes des autres, les butte toujours avec le doigt, et continue jusqu'au bout du champ la même opération, toujours la jambe gauche ployée en avant et la droite allongée par derrière, pour conserver l'équilibre et pouvoir atteindre le niveau du sol avec la main, sans effort et sans gêne.

Il va sans dire que le terrain doit être bien imbibé d'eau préalablement, et presque à l'état de boue.

On conçoit que, par ce système, les compartiments peuvent être beaucoup plus grands, puisqu'on n'a pas à craindre que la plante soit arrachée par le vent, et qu'il suffit de disposer ces compartiments de manière que l'irrigation soit facile et la submersion égale sur toute l'étendue du champ.

On peut, d'ailleurs, donner ainsi à la jeune plante élevée en pépinière toutes les conditions les plus favorables pour la rendre vigoureuse; on peut la préserver des froids tardifs par des abris qu'il est facile de ménager sur l'étendue restreinte d'une pépinière.

De plus, le Riz ainsi planté est déjà fort quand les herbes parasites naissent, et il les étouffe, ce qui évite la majeure partie des frais de sarclage, opération très-dispendieuse dans les anciennes rizières, mais presque nulle dans les rizières qu'on forme sur les salants, au moins pendant les deux premières années, car il n'y a point de rudiments de végétation antérieurs (1).

Quelque système qu'on adopte, il est évident que l'eau est toujours la grande dépense, et, si des canaux supérieurs au sol ne sont pas construits, il est à craindre que le prix d'achat et de mise en place, les fréquents chômages des machines pour réparations, la cherté du combustible et la rareté des machinistes ne dégoûtent de cette culture, la seule pourtant qui convienne aux terrains *samsouires* du littoral.

Cependant il est telle combinaison qui pourrait en réduire la dépense de beaucoup. »

PAGE 102. — « La charrue, traînée par un seul buffle ou un jeune bœuf,
« est un instrument simple et même grossier; mais elle convient sans doute
« mieux pour cette fonction que la nôtre, qui est considérée par les Chinois
« comme trop lourde et trop difficile à manier. »

Trois espèces de charrue sont principalement en usage en Chine. Voici la description qu'en donne M. Hedde :

I. *Charrue de Canton, à chausson et oreille ronde sur le côté, destinée à labourer les terrains légers.*

Voici les pièces dont elle se compose :

1. Soc en fer, ou chausson adhérent à l'extrémité du manche de la charrue.

---

(1) Comme vous savez, le *Panicum crus galli* est le parasite le plus nuisible aux rizières. Dans les Riz transplantés, il n'existe pas, si l'on y prend peine ; ce qui rend précieux pour la semence les Riz ainsi obtenus.

2. Premier couvercle en bois cintré.

3. Deuxième couvercle en bois cintré faisant suite.

4. Troisième couvercle en bois cintré faisant suite.

5. Oreille et versoir en fer ou en bois, à volonté, placé près des oreillons où passe une aiguille plantée sur le manche de la charrue.

6. Sommier ou manche de la charrue.

7. Sommier ou haie, ou flèche.

8. Support de la haie.

9. Clavette qui maintient le support sur la haie.

10. Palonnier, ou attelage avec ses cordes.

Un modèle en terre de cette charrue, d'un vingtième de grandeur naturelle, a été confectionné par M. Mignot de Saint-Étienne, sur les matériaux rapportés par M. Hedde.

II. *Charrue de Tchang-Tchou, de grandeur naturelle et à oreille plate.*

1. Première partie en fer, ou pointe du soc de la charrue.

2. Deuxième partie en bois, ou planchette qui peut se mettre en fer préférablement.

3. Troisième partie en fonte du soc, ou versoir pour retourner la terre.

4. Deux oreillons, ou rondins de fer soudés sur le versoir.

5. Arc-boutant ajusté aux oreillons par une goupille, et fixé à la réunion du support de la flèche sur le manche.

6. Chausson en bois foré, propre à recevoir intérieurement le bout du manche, et sur lequel est posée, avec sa cheville, la planchette ou deux parties du soc.

7. Sommier, ou partie inférieure du manche.

8. Support de la haie.

9. Haie ou flèche.

10. Palonnier ou attelage avec ses cordes.

11. Clavette qui maintient le support sur la haie.

12. Queue ou extrémité du manche de la charrue.

La longueur totale de cette charrue, depuis la pointe du fer de lance jusqu'au bout du manche, est de 2 mètres.

Cette charrue n'est pas seulement intéressante par sa forme légère et la facilité qu'elle présente pour défricher des terrains pleins de racines; mais elle offre dans la confection de ses deux pièces principales, le fer de lance et le versoir, la solution d'un problème jusqu'ici non résolu en métallurgie. C'est la soudure de deux oreillons ou rondins de fer sur le versoir en fonte, qui paraît être martelé.

III. *Charrue de Kiang-Sou.*

Elle se compose

1° D'un soc en bois creusé en forme de 8 allongé;

2° D'un fer de lance légèrement incliné et posé sur l'extrémité du soc;

3° D'un versoir fixé, d'une part, sur le fer de lance, et de l'autre sur la partie supérieure de la moitié du soc;

4° D'un manche fixé sur deux goupilles en bois dans l'ouverture d'une partie du 8;

5° D'une cheville placée à la moitié du manche et servant à faciliter le maniement de la charrue;

6° D'une haie ou flèche fixée au milieu du manche sur une goupille en bois;

7° D'un support de la haie;

8° D'un palonnier ou attelage garni de ses cordes. Un modèle en bois, d'un vingtième de grandeur naturelle, a été fait par M. Mignot de Saint-Étienne, d'après les matériaux rapportés par M. Hedde.

———————

La charrue malaise, avec soc en fer, nommée *tengala*, est d'une force peu considérable. Celle des Chinois, qui retourne la terre, est meilleure. La charrue de Bengale est encore inférieure à celle de Chine.

PAGE 108. — Sériciculture, Mûriers, etc., etc.

M. Robert Fortune n'a consacré que quelques pages à l'industrie de la soie. Nous ne trouvons donc pas qu'il soit inutile d'y suppléer jusqu'à un certain point par l'insertion des documents suivants, auxquels leur date assez récente donne d'ailleurs l'actualité désirable :

« Il y a vingt ans que Londres (1), actuellement encore le seul marché des soies de la Chine, n'en recevait que 1,500 balles annuelles et se pourvoyait, en Italie, de ce que sa consommamation exigeait en sus.

Les temps sont bien changés.

Il arrive maintenant, chaque année, en Angleterre, 18 à 24,000 balles chinoises de tout genre, d'un poids variable de 45 à 75 kilogr.; ces balles s'y consomment en presque totalité, car le continent n'a pu encore adapter à ses besoins que de fort minimes quantités d'ouvrées repoussées par la consommation anglaise.

En 1850, les soies européennes consommées en Angleterre n'ont pas atteint le cinquième des orientales.

Les gréges chinoises sont toutes généralement de couleur blanche, d'un éclat et d'une nuance variables; ce sont même ces deux qualités, ainsi que la netteté de la matière, qui en constituent le prix, fort peu impressionné par le titre ou grosseur du brin, contrairement à ce qui se passe sur les soies européennes.

Les *istatlées*, premières qualités de ces gréges, se subdivisent en dix variétés portant chacune un nom générique, et se subdivisent en deux ou trois choix quelquefois.

Nous trouvons d'abord :

_____

(1) Extrait d'une lettre sur les soies de Chine envoyées à l'exposition universelle de Londres.

N° 1. La grége *peacoch* 18/22 deniers, blanc éclatant, bien croisée, à fortes gommures.

N° 2. *Blue chop* 18/22 deniers, moins nette et d'un blanc moins pur que la précédente.

N° 3. *Loose blue* 18/22 deniers, d'un blanc égal à la précédente, mais moins régulière, croisure inégale.

N° 4. Premier *gold*, titre 18/24 deniers, d'un beau blanc, mais moins nerveuse que les trois premières.

Deuxième *gold*, même titre 18/24, un peu inférieure comme netteté.

Troisième *gold*, même titre 18/24, un peu inférieure comme netteté.

N° 5. Premier *crimson*, titre de 18/20, d'un blanc plus brillant que les golds, qualité légère.

Deuxième et troisième *crimsons*, inférieures comme netteté et qualité.

N° 6. *Chocy lung*, titre de 25/30 deniers, joli blanc.

N° 7. *Chun lung*, titre de 25/30 deniers, blanc moins pur que le précédent, netteté inférieure aussi.

N° 8. *Primrose*, titre de 18/22, joli blanc.

N° 9. *Varions*, titre de 20/22, assez joli blanc, se subdivisant, comme les golds, en trois qualités qui diffèrent par la netteté et la couleur, et comportent une différence de 6 à 8 francs par kilogramme de la première à la dernière.

N° 10. *Jun-fa*, titre de 16/20 deniers, blanc passable, mais régularité fort variable, et croisure souvent mauvaise; aussi les prix varient de 10 à 12 francs par kilogramme de la première à la troisième classe des jun-fas, qui est jaunâtre, très-sale et très-rude au toucher.

Les secondes qualités chinoises, ou *taysaams*, sont infiniment plus irrégulières et sales que tout ce que nous venons d'énumérer. Le prix des istatlées varie de 16 à 20 schellings (condition de Lyon); celui de taysaam va de 8 à 15 schellings.

Elles sont surchargées de liens destinés à en augmenter le poids, liens que ne présentent point les istatlées.

Nous avons vu, dans la variété dite *ning-pô*, des flottes pliées à la Fossombrone, fort tordues, présentant la sophistication la plus incroyable qui se puisse imaginer.

La dorure de la flotte, étant en 40/45 deniers, blanc roux, recouvrait un noyau de soie comparable au plus grossier douppion et d'un gris de lin boueux.

Les gréges de *Canton* sont une qualité intermédiaire, comme titre, aux istatlées et aux taysaams, mais inférieure à ces dernières comme dévidage ; aussi leur prix est-il inférieur à celui des bonnes taysaams.

Le titre est fort variable, depuis 16 à 40 deniers : elles manquent de gommures.

Enfin la Chine a envoyé des spécimens de soies de *Tussah*, produit de cocons sauvages : elles sont gris de lin foncé, titre de 100 à 120 deniers. Les brins qui les forment manquent totalement d'adhérence et leur donnent une fausse apparence de trames ou de soie décreusée. Les qualités natives sont filées sur la quenouille en bambou ; celles dites à l'européenne sont plus régulières et du guindrage français.

NOTE *envoyée par M.* BARTHE, *officier de marine, avec la graine chinoise remise à la Société séricicole par M.* AMADIEU, *de Versailles.*

Les Chinois, outre le Mûrier ordinaire, qui diffère quelque peu de celui d'Europe, ont parfois recours, pour nourrir leurs vers, à une espèce sauvage, de la famille du *Morus*, aussi bien qu'aux feuilles d'un arbre qu'on croit être une variété du Frêne.

Quant à leurs Mûriers, ils ont soin de ne pas leur laisser dépasser une certaine hauteur et un certain âge. Ces arbres sont plantés en échiquier, à une distance raisonnable les uns des autres, et on dit qu'ils atteignent, dans un espace de trois ans, toute la perfection désirable. Les provinces où l'on cul-

tive le Mûrier, en Chine, sont coupées de nombreux canaux.
On remplit ordinairement de Millet et de légumes l'espace situé entre chaque Mûrier.

C'est au commencement de l'année qu'on taille les arbres
et qu'ils produisent de belles feuilles. On a soin de couper les
branches pour donner de l'air aux feuilles ; les feuilles étant,
comme on dit, les poumons des arbres, ceux qui en manquent souffrent. Quand les arbres deviennent trop vieux et
montrent trop de tendance à donner du fruit, on les déracine,
ou bien on les taille de manière à ce qu'ils puissent donner
encore de jeunes branches.

Les maisons où on entretient les vers à soie sont situées au
centre des plantations, afin d'être éloignées de tout bruit, les
Chinois étant persuadés qu'un cri soudain jeté, le jappement
d'un chien fait mourir les jeunes vers. Ils croient aussi que le
tonnerre leur est nuisible. Les chambres sont disposées pour
être chauffées au besoin. On prend le soin le plus minutieux
des feuilles de papier sur lesquelles les œufs sont déposés.

On fait éclore les œufs, ou on les retarde par le chaud ou
le froid, selon que les feuilles des Mûriers sont plus ou moins
prêtes à être données aux jeunes vers. Ils poussent la minutie
jusqu'à couper les feuilles en morceaux jusqu'à ce que les vers
soient assez gros ; alors ils les donnent entières. Ils n'apportent
pas moins d'attention à maintenir les appartements à tel ou
tel degré, à les nettoyer. Quand les vers mangent, ils sont sur
des espèces de petites-claies en Osier que l'on nettoie souvent. Ils passent d'une claie à l'autre quand ils sentent l'o-
deur des feuilles fraîches qu'on y a placées. Lorsqu'ils ont jeté
leurs différentes peaux, qu'ils ont atteint leur maximum de
grosseur et pris une couleur jaunâtre transparente, on les met
dans les compartiments avant le filage.

Une semaine après le commencement du filage, les cocons
de soie sont comptés, et il devient urgent de les travailler
avant que la chrysalide ne se change en papillon, ce qui gâterait les cocons.

Lorsqu'on a mis de côté un certain nombre de cocons pour

faire d'autres œufs, on tue les chrysalides des autres en les plaçant sous des couches de sel et de feuilles, en interceptant tout l'air. On les met ensuite dans l'eau, d'une chaleur modérée, qui dissout la substance glutineuse et qui colle les soies ensemble, et on les tourne sur les dévidoirs. Enfin on les arrange en paquets de divers poids, et on les vend sous le nom de *soie écrue*, ou bien on les livre pour faire des étoffes.

M. Hedde, dans ses rapports sur la mission de Chine, cite le district de *Shunte* comme la contrée de la province de Kwantong qui produit le plus de soie. « J'ai traversé, dit-il, ce district dans sa plus grande étendue. J'y ai remarqué la culture des Mûriers nains établis en haies sur les chaussées, et que l'on coupe à peu de distance du sol. J'ai vu les petites magnaneries disséminées dans chaque maison, les corbeilles plates de Bambous servant de claies, les coconnières à nœuds pour éviter les doubles cocons, et les simples tours à encroisure à la tavelle. Ce territoire séricicole, qui comprend une étendue de 2,500 à 3,000 kilomètres carrés, contient environ un million d'habitants. On y fait six récoltes par an, qui produisent environ 600,000 kilogrammes de soie. Les premières qualités portent le nom de *long-kong* et *lak-lao*. »

M. Hedde a rendu compte de quelques observations qu'il a faites, en Chine, sur le Mûrier multicaule. D'après tous les renseignements qu'il a pris, il lui est démontré que cette espèce est originaire du Fo-Kien, et que c'est de là qu'il a été transporté à Manille.

Les Mûriers sont, en général, plantés sur des chaussées de champs de Riz. L'arbuste est coupé à 0^m,33 du sol. M. Hedde a vu très-peu de Mûriers à haute tige; cependant il est certain qu'il existe, dans les provinces de Tche-Kiang et du Kiang-Sou, quelques plantations régulières de ce genre. M. Hedde a vu donner de la poudre de feuille de Mûrier aux vers à soie. Il y a des recettes pour obtenir 1° de la farine pure de feuille sèche; 2° de la farine de feuille mélangée avec

de la fécule de Riz ; 3° de la farine de feuille mélangée avec
une farine de Haricots.

Quant aux semis, à la greffe et à la taille des Mûriers, les
Chinois n'emploient que des procédés connus en France.

Le Mûrier le plus généralement cultivé, dans la province
de Tche-Kiang, est le Mûrier de Ting-Haï. Cette variété, qui
vient à l'état d'arbre, porte le nom de *king*. Sa feuille, en fer
de lance, est large et épaisse, dentée en forme de scie, et ne
porte jamais de lobes ou d'échancrures comme on en rencontre dans d'autres variétés. Desséchée, la surface est lisse,
et sa couleur est un vert foncé à aspect métallique. Le revers
est d'une couleur verdâtre, beaucoup plus claire et d'une surface légèrement raboteuse. Son fruit est rond, un peu oblong.
La couleur, suivant l'âge, varie du rose clair au violacé noirâtre. La feuille est excellente pour les Vers à soie.

PAGE 117. — « Plantes textiles de Chine, désignées sous le nom générique
« de *Mâ*, *Gras cloth*, tissus, etc., etc. »

Nous trouvons les renseignements suivants dans les documents de la mission de Chine :

HIA-POU ou tissu de MA.

Noms. — *En anglais*, grass cloth ; — *en chinois mandarin*, hia-pou (tissu d'été) *et* mâ-pou (tissu de mâ) ; — *en chinois cantonnais*, ha-po *et* mâ-po.

Les Délégués ont cru devoir conserver à ce curieux tissu sa
dénomination chinoise, car celle que lui ont donnée les Anglais (*grass cloth*) est impropre et dépourvue de sens. On a
toujours eu pour principe, dans ce travail, de suivre bien
plutôt les idées du pays que les errements des étrangers.

Nature et Provenance de la matière première [1].

---

[1] Morrison, Bridgman, Medhurst, Callery ont traduit *Mâ* par Chanvre, et Wells Williams par *Sida tiliæfolia* ; Taberd et Blanco l'ont consi-

— On a attribué à plusieurs plantes la production des filaments destinés à la fabrication du hia-pou; la botanique, le
commerce, les livres même des Chinois ne sont pas d'accord,
mais on peut expliquer facilement cette divergence apparente
d'opinions, par ce fait que ces étoffes sont tissées avec les
filaments de diverses plantes qui varient suivant les latitudes,
et connues sous le nom générique de *Má*; chacune d'elles est
en même temps spécifiée par une désignation additionnelle,
telle que *kô-má, ching-má,* etc. Ainsi, le hia-pou n'a pas
une origine unique. Mais, d'après les renseignements recueillis, la plante désignée par les botanistes sous le nom
d'*Urtica nivea*, haute de 1 mètre 50 c. à 2 mètres, — à tige
droite, à feuilles dentelées, vertes sur l'une des faces, blanc
d'argent sur l'autre, à graines en grappes brunes, et ne se
propageant que par boutures, — serait celle qui donnerait
les filaments les plus fins et les plus beaux, employés pour
les tissus d'été de qualité supérieure.

Le Chanvre (qui ne paraît qu'une simple variété de celui
de nos campagnes) et une espèce de Sida (le *Sida tiliæfolia,*
d'après Abel, p. 125) donnent également des filaments servant à fabriquer le hia-pou commun (1).

---

déré comme étant l'*Urtica nivea ;* le docteur Abel comme désignant une
Ortie, un Chanvre et le *Sida tiliæfolia ;* le *Chinese repository* et Burnett
ont fait observer que les tissus fins de *Má* sont faits avec les filaments d'un
Sida, et les toiles grossières avec ceux d'un Chanvre voisin du *Cannabis
sativa ;* enfin M. Callery a admis que le *Hou-Má* était un *Linum,* et le
Hoang-Má le *Cannabis flava.*

Les ouvrages chinois dans lesquels on peut trouver d'utiles renseignements sur les différentes espèces de *Má,* ainsi que sur leur culture, sont
les suivants : *Chéou-Chi-Thong-Khao (Encyclopédie impériale d'agriculture); Kong-Tching-Tsiouènn-Chou (Traité général d'agriculture);
Kouang-Kiunn-Fan-Pou (Encyclopédie impériale de botanique); Pènn-
Thsao-Kang-Mo,* etc.   N. R.

(1) « Le *Chou-Má* paraît être l'*Urtica nivea* que j'ai vu cultivé dans
l'île Tchou-San; mon collègue, M. I. Hedde, en a rapporté de Chine un
plant dont l'identité avec l'espèce décrite par Linné et Sprengel a été constatée. Burnett, Osbeck, Loureiro, le P. Blanco et le *Chinese repository*
mentionnent cette urticée comme indigène en Chine.

« Le *Pèh-Chou-Má,* le *Lo-Má,* le *Po-Lo-Má,* le *Pi-Má,* le *Hou-Má,* etc.,

Districts où se cultivent les plantes servant à fabriquer le Hia-Pou et les autres tissus d'été. — Le *Ko-Pou*, ou tissu fait avec les filaments de la plante *Ko* (1), se fabrique dans le Nang-Kang-Fou et le Lin-Kiang-Fou (Kiang-Si), le Tchang-Tchou-Fou (Kiang-Sou), le Toung-Tchouèn-Fou (Sse-Tchouèn) et dans quatre des départements du Koueï-Tchou.

Les tissus de Bananier (*tsiao-pou*) se font dans le Kwang-Tong et le Kouang-Si, et ceux de Bambou (*tchou-pou*), dans le Kwang-Tong.

Quant au *Má*, il est cultivé dans le Tchih-Li, principalement le long des rives du Pei-Ho, aux environs de Tièn-Tsinn et de Tong-Tchou, et dans les provinces de Kwang-Tong, de Sse-Tchouèn, de Fo-Kièn, de Koueï-Tchou, de Chann-Tong, etc. Le hia-pou se fabrique dans ces mêmes provinces, et surtout dans les environs de Canton, dans les îles de For-

---

paraissent être des *Sida* ou des *Corchorus*. Whitelaw, Ainslie et Loureiro s'accordent à dire que le *Corchorus capsularis* est beaucoup cultivé en Chine, et que l'on tisse des étoffes avec les filaments de ses tiges. Roxburgh fait la même observation au sujet du *Corchorus olitorius*.

« Le *Ko-Má* du Tché-Kiang et du Kiang-Si est une phaséolée voisine du *Dolichos bulbosus*.

« Le *Ching-Má*, qui croît en abondance dans le Chènn-Si, ainsi que dans les arrondissements au sud du fleuve Hoaï, est décrit dans le *Pènn-Tsao*, liv. XIII ; il paraît positif que cette plante n'offre aucune des propriétés filamenteuses du *Má*, et que le caractère *Má* n'entre dans la composition de son nom qu'à cause de la ressemblance des feuilles de cet arbuste avec celles du *Má*. C'est donc à tort que le docteur Clarke Abel a donné ce nom au *Sida tiliæfolia*, dont il annonce avoir trouvé d'immenses plantations sur les bords du Pei-Ho, dans le voisinage de Tong-Tchou et dans les environs de Tièn-Tsinn. Il est singulier que le *Chinese repository*, t. XI, page 97, signale les mêmes cultures dans la même région, dans les termes suivants : L'ambassade Macartney a remarqué une espèce d'Ortie, appelée *Urtica nivea*, avec laquelle on fabrique des tissus.

« MM. Bridgman et Wells Williams ont traduit *Po-Lo-Má* par *Chanvre aloès* ; cette plante n'a rien de commun avec les Agaves, c'est une tiliacée ou une malvacée, c'est-à-dire un *Corchorus*, un *Triunfetta* ou un *Sida*. » (N. Rondot, *Notice sur les plantes textiles de la Chine*. 1847, p. 2-4.)

(1) M. Stanislas Julien a publié sur le *Ko* (*Dolichos bulbosus*), dans le *Compte rendu des séances de l'Académie des sciences* (1813), des renseignements qu'il a traduits de l'*Encyclopédie d'agriculture chinoise*.

mose et de Tchou-San, dans presque tous les départements du Koueï-Tchou et dans quelques districts du Hou-Kouang, du Kiang-Si, du Kouang-Si, etc. (1).

Fil de Mâ. — Le filament du *Mâ* a de 1 à 2 mètres de longueur. Il y a trois choix de filaments. Le premier provient de l'enveloppe extérieure ou de la surface de la tige ; le second, de la couche suivante ; le troisième, d'une dernière enveloppe fibreuse. Les diverses qualités se vendent en gros brins de 30 à 50 filaments qui peuvent encore se subdiviser à l'infini. On a l'habitude, pour préparer les fils de *Mâ*, de les mettre dans l'eau ; puis des femmes séparent les différents brins, pour les réunir ensuite par les bouts, en les tordant avec les doigts et les pliant sur une baguette de Bambou que l'on retire après avoir formé le peloton. La chaîne et la trame se font avec les mêmes fils (2).

On fabrique quelquefois des tissus mélangés de *Mâ* et de Coton, en prenant ce dernier pour la trame et le premier pour la chaîne. Ces étoffes s'appellent *mâ-kann-miènn-hoé*,

---

(1) L'*Urtica nivea* croît et est cultivée en Corée et au Japon. Le *Tsjo*, vulgairement *Sjiro-Oo* ou *Karauusi* et *Mao*, dit Kaempfer, est un Chanvre blanc ou plutôt la grande Ortie commune qui fleurit au printemps. Sa tige a des fils qui sont propres à faire de la toile. (Charlevoix, *Hist. et description du Japon.* 1737 , t. II, page 661.)—Dans son *Histoire naturelle, civile*, etc., *du Japon*, Kaempfer dit encore : « Le *Sjiro*, ou Chanvre sauvage, vient abondamment dans la plupart des lieux incultes. Cette plante supplée, en quelque manière, au défaut du Chanvre, de Coton, car on en fait plusieurs sortes d'étoffes fines et grossières. »

(2) Les filaments bruts de *Mâ* se vendent le plus ordinairement à l'écheveau. L'écheveau du premier numéro est une gerbette de cinq cents brins, longue de 1 mètre 38 cent. ; c'est donc une longueur totale de 690 mètres que l'on a pour 1 fr. 37 c. Les filaments du deuxième choix forment des échevettes de 1 mètre 19 cent. ; deux mille brins de cette longueur, c'est-à-dire 2,386 mètres, valent 4 fr. 13 cent.

Le *Mâ* croît en abondance dans le Tché-Kiang. A Ning-Po, il se vend, en gros, 80 fr. les 100 kilogrammes.

D'après des nouvelles récentes de Chine, le *Mâ* devient un article d'exportation pour l'Angleterre ; on y est arrivé à le peigner, le blanchir et le filer avec la même perfection que le Lin, et l'on en tisse des étoffes très-supérieures aux Hia-Pous chinois.

et ne servent que pour couvertures de lit; elles sont ordinairement grossières et inférieures aux bons tissus de Coton (1).

_____

PAGE 134. — Pæonia moutan. — Pivoine moutan. — Pivoine en arbre.

Cette espèce est un arbuste à racines longues, charnues et cylindriques, de la grosseur d'un doigt environ. Ses tiges ligneuses s'élèvent, dans nos jardins, à la hauteur de 1 à 2 mètres, rarement plus; mais, dans le pays natal de la plante, elles paraissent s'élever davantage. Ses feuilles sont pétiolées, deux fois ternées, composées de folioles ovales-oblongues, d'un beau vert en dessus, glauques et légèrement pubescentes en dessous, les unes entières, les autres partagées en deux ou trois lobes.

Ses fleurs, dans la variété la plus répandue dans nos jardins, sont d'un rouge très-clair ou couleur de Rose, solitaires au sommet des rameaux, larges de $0^m,15$ à $0^m,18$ et d'un superbe aspect. Elles ont, d'ailleurs, une odeur très-agréable qui a quelque analogie avec celle de la Rose. Leur calice a huit ou neuf folioles, et les pétales sont très-nombreux, disposés sur plusieurs rangs.

Cette Pivoine est originaire de la Chine, où elle porte le nom de Moutan; elle y fut découverte, il y a quatorze cents ans et plus, dans les montagnes de Honan. Ce fut un voyageur qui l'y trouva, et qui, charmé de la beauté et de l'éclat de ses fleurs, recueillit plusieurs pieds de cette plante pour en parer son jardin. Cette espèce méritait d'attirer tous les regards. Soumise à la culture, elle devint bien supérieure à ce qu'elle était dans l'état sauvage; cependant elle resta longtemps presque inconnue, et ce ne fut que vers le milieu du VIIe siècle,

_____

(1) On fait dans le Fo-Kien des toiles à côtes-lignes pour serviettes qui sont d'assez bonne qualité. Les côtes-lignes sont formées par quatre fils de coton et les intervalles par quatre fils de Má. Ce tissu, appelé à Canton Sam-So-Lo-Pou ou Minn-Má, a une largeur de 33 centimètres. N. R.

lorsque les troubles qui précédèrent l'élévation de la dynastie des **Tang** furent dissipés, que les esprits, dans ce calme si heureux après les révolutions politiques, eurent le loisir d'admirer ce magnifique végétal. Tous les amateurs furent séduits par la forme gracieuse de ses fleurs, par leurs teintes brillantes et agréablement variées ; sa culture devint générale et acquit une vogue extraordinaire. On sacrifiait des sommes considérables pour se procurer les plus belles variétés de Moutan. La nouvelle fleur reçut l'hommage des poëtes ; les empereurs même lui firent l'honneur de la célébrer dans leurs vers ; d'habiles peintres furent chargés d'en décorer les lambris du palais impérial, et les parterres destinés à sa culture étaient consacrés par de pompeuses inscriptions.

Cet enthousiasme des Chinois pour le Moutan ne serait pas étonnant, si les merveilles que les missionnaires de Pékin en rapportent étaient dignes de foi. On a plus d'une fois, disent-ils, présenté aux empereurs des Moutans en arbre qui s'élevaient à plus de 25 pieds ; le fait est bien difficile à croire.

Au reste, le Moutan n'eut pas le sort général des objets de la passion des hommes ; les troubles auxquels la Chine fut fréquemment en proie, les révolutions politiques ne purent le faire oublier. Décoré du titre de Roi des fleurs et de celui de *cent onces d'or*, à cause des sommes exorbitantes dont les curieux avaient payé plusieurs des variétés, il fut placé au premier rang, dans les jardins de la dynastie des Song, à Kaisong-Fou, dans le Ho-Nan, alors capitale de l'empire, et lorsque, sur la fin du xive siècle, l'empereur Yong-Lo, de la dynastie des Ming, transféra la cour à Pékin, il ordonna que, tous les ans, on lui apportât des Moutans de Hou-Kouang, et cet usage existe encore aujourd'hui.

Les Chinois possèdent, à ce qu'on assure, plus de deux cent quarante variétés de Moutan, et ils seraient plus riches encore si, par un préjugé bizarre, les Pivoines panachées de diverses couleurs n'étaient pas exclues de leurs jardins. Cette aversion est fondée sur un singulier raisonnement. Ces accidents, disent-ils, sont des preuves de la faiblesse des plantes : elles ne sont donc pas belles, car rien n'est beau que ce qui suit l'ordre de la nature (1). Au reste, ils ont des Moutans de toutes les couleurs, des blancs, des jaunes, des rouges, des pourpres, des violets, des bleus et même des noirs, à ce qu'ils prétendent, ce qui n'est pas du tout probable. Ils divisent ceux de chaque saison en doubles et en semi-doubles, et les premiers se subdivisent en cent feuilles et en mille feuilles, en raison du grand nombre des pétales.

Les Chinois élèvent les Moutans en espalier, en éventail, en buisson et en boule; ils en ont des nains, et d'autres qui acquièrent une assez grande hauteur, puisque, au rapport des missionnaires, on en voit de 3 mètres de haut et même plus, formant une tête aussi grosse que celle des plus beaux Orangers; ils en ont aussi qui fleurissent à diverses époques, au printemps, en été, en automne. Par le secours d'une culture artificielle, les Pivoines qu'on apporte, chaque année, du Hou-Kouang, à l'empereur, vers la fin de l'automne, sont en fleur dans les mois de décembre et de janvier.

Le Moutan n'est cultivé qu'en pleine terre ; les Chinois s'imaginent qu'il ne réussirait pas renfermé dans une caisse ou dans un pot. Aussi toutes les Pivoines destinées à l'ornement du palais impérial, et qu'on apporte chaque année du Hou-Kouang et de Yang-Tcheou à Pékin, ont toutes crû en pleine terre, et on ne les met dans des caisses ou dans des vases que lorsque leurs boutons sont déjà formés.

Pour garantir leurs Pivoines de la poussière, des vents et des grandes pluies, les fleuristes chinois les enferment sous des tentes faites de nattes et très-artistement disposées; ils ne leur dispensent qu'à leur gré la chaleur et la lumière du so-

---

(1) Cette opinion des Chinois, si elle existe réellement, présenterait une singulière contradiction avec leur goût si prononcé pour les arbres nains qu'ils s'efforcent de rendre difformes en contrariant la nature, et pour d'autres monstruosités. (*Note du traducteur.*)

leil, et parviennent, par toutes ces précautions réunies, à prolonger la durée de leur floraison.

On emploie plusieurs moyens pour multiplier les Moutans ; on sème leurs graines, on divise leurs tiges, on couche leurs branches en marcottes, on les greffe. Au rapport des missionnaires, le détail des procédés que suivent les fleuristes chinois pour la culture des Moutans, pour les élever, les planter, les déplanter, les éclater, serait la matière d'un long ouvrage. Il suffira de dire que la greffe qu'ils pratiquent le plus fréquemment est la greffe sur racine, et qu'il paraîtrait aussi qu'ils greffent sur les racines de notre Pivoine ordinaire, qui est commune à la Chine. Chaque année, ils déplantent les racines de Moutan ; cette opération se fait en automne, et on prend ce temps pour séparer les jeunes racines nouvellement formées, qui adhèrent à la maîtresse racine, et qu'on replante ensuite à part. Il n'y a pas plus de douze à quinze ans que les horticulteurs français emploient ce procédé ; les racines sont détachées des pieds mères en août et greffées immédiatement.

Cultivée en France, la Pivoine moutan peut aujourd'hui être plantée en pleine terre dans les jardins sous le climat de Paris, à l'air libre. Ses fleurs paraissent à la fin d'avril ou au commencement de mai. On la multiplie par les rejetons qui ont poussé sur le collet des vieux pieds, ou par greffes sur racines, et encore par des marcottes. Ce dernier moyen est le plus long, parce que les marcottes prennent difficilement racine. Depuis vingt ans on en a obtenu des graines qu'on a semées et qui ont bien réussi, et ont produit un grand nombre de variétés.

PAGE 150. — Une espèce de Coronilla.

Les Chinois cultivent aussi la Luzerne ordinaire et la Lupuline, plantes importées, sans doute, dans le Céleste Empire comme dans toutes les parties de l'Europe ; car la Luzerne est comme le Blé, on n'en connaît pas bien l'origine, mais l'on suppose qu'elle nous est venue d'Orient.

PAGE 156. — Le joli Prunus sinensis alba.

C'est sans doute le même auquel un recueil d'horticulture consacre les lignes suivantes, sous la date du 16 octobre 1853 :

« *Prunus sinensis flore albo pleno*.—Encore une richesse de plus pour l'ornement de nos jardins, encore une con-quête dont l'horticulture est redevable à M. Fortune. Le *Pru-nus sinensis flore albo pleno*, découvert en Chine et envoyé en 1852 par cet horticulteur, vient de fleurir dans les pépi-nières du Muséum, où il fut envoyé d'Angleterre par M. Lind-ley en juin 1853. »

FIN DES NOTES.

TABLE DES MATIÈRES.

www.ingramcontent.com/pod-product-compliance
Lightning Source LLC
Chambersburg PA
CBHW071639200326
41519CB00012BA/2350